Georg Burkhardt

MATHE ohne ANGST

W0058216

Georg Burkhardt

MATHE ohne ANGST

Die besten Tricks, um das eigene
Mathetrauma zu überwinden und
den Spaß an Zahlen zu wecken

mvgverlag

Bibliografische Information der Deutschen Nationalbibliothek:
Die Deutsche Nationalbibliothek verzeichnet diese Publikation in der Deutschen Nationalbibliografie. Detaillierte bibliografische Daten sind im Internet über http://dnb.d-nb.de abrufbar.

Für Fragen und Anregungen:
info@mvg-verlag.de

Originalausgabe
1. Auflage 2021
© 2021 by mvg Verlag, ein Imprint der Münchner Verlagsgruppe GmbH
Türkenstraße 89
D-80799 München
Tel.: 089 651285-0
Fax: 089 652096

Redaktion: Julia Jochim
Umschlaggestaltung: Catharina Aydemir
Umschlagabbildung: shutterstock.com/anna42f, Marina Sun, Omeris
Satz: Daniel Förster, Belgern
Druck: CPI books GmbH, Leck
Printed in Germany

ISBN Print 978-3-7474-0263-4
ISBN E-Book (PDF) 978-3-96121-610-9
ISBN E-Book (EPUB, Mobi) 978-3-96121-611-6

Weitere Informationen zum Verlag finden Sie unter

www.mvg-verlag.de

Beachten Sie auch unsere weiteren Verlage unter www.m-vg.de

Inhalt

Einleitung 7

Mathematik-Theorie 11

Mathematik – wieso, weshalb, warum? 11

Mathematik als Wissenschaft und Schulfach 15

Mathematik als aufbauendes Fach – lerne von Anfang an mit 23

Thema Vertrauen – Mathematik als nichtempirische
Wissenschaft braucht Vertrauen 26

Thema Beziehung – Mathematik als Beziehungsfach 35

Das Mathe-Trauma 47

Trauma, was ist das? 48

Die Entstehung eines (Mathe-)Traumas 49

Prüfungsangst 54

Wege aus dem (Mathe-)Trauma 59

Die innere Haltung und deine Perspektive 64

Mathe im Alltag 77

Viele Wege führen zum Ziel 92

Kopfrechnen leicht gemacht 97

»Traue keiner Statistik, ... 99

Computer und Mathematik 108

Wichtige Grundlagen für deinen erfolgreichen Abschluss in Mathematik

Wichtige Grundlagen für deinen erfolgreichen Abschluss in Mathematik 111

Bruchrechnen 112

Gleichungen lösen 121

Formeln sicher umwandeln 124

Maßeinheiten umwandeln 127

Rechnen mit Potenzen 129

Dreisatz- und Prozentrechnung 135

Lösen von Textaufgaben 141

Praktische Tipps für deinen (Schul-)Mathematik-Alltag 147

Deine Schriftform 148

Verwende Skizzen – so oft wie möglich! 149

Verwende die Angaben 151

Rechnen mit Termen 152

Lernstrategien 154

Prüfungen 163

Lücken auffüllen 170

Die für dich passende Unterstützung finden 172

Tipps für Faule 176

Umgang mit Lehrer*innen 178

Umgang mit Eltern 181

Umgang mit Schüler*innen 183

Jedes Ende ist ein neuer Anfang 187

Über den Autor 189

Einleitung

Ich mag Mathematik. Oder, wie ich diese Aussage gerne in (fast) einem Wort zusammenfasse: Mathe-mag-ich. Ich finde Zahlen elegant, die Zusammenhänge, die es zwischen unterschiedlichen geometrischen Formen, Figuren und Körpern gibt, faszinieren mich, und ich liebe die Herausforderung, Problemstellungen (im weitesten Sinne des Wortes) durch logisches und analytisches Denken zu lösen. Das Suchen, Finden und Erkennen von Mustern und Gemeinsamkeiten in allem Möglichen begeistert mich. Das war bei mir schon immer so – zumindest, soweit ich mich zurückerinnern kann. Und soweit ich mich zurück erinnern kann, kenne ich Menschen, die von sich behaupten, zu dumm für Mathematik zu sein und sie deshalb nicht zu mögen. Ja, sie haben sogar Angst vor Mathematik. Je älter ich werde, desto mehr Menschen mit dieser Überzeugung lerne ich kennen. Was sicherlich auch mit meiner Arbeit als (Privat-)Lehrer und Lebens- und Sozialberater zu tun hat. Vor allem von meinen Nachhilfeschüler*innen höre ich in der ersten gemeinsamen Stunde fast immer die gleichen verzweifelten Sätze: »Ich bin einfach zu blöd dafür. Ich habe mich schon so angestrengt, aber ich bin einfach zu dämlich. Ich hasse Mathematik, weil ich es nicht verstehe.«

Doch nicht nur von Jüngeren höre ich solche Aussagen. Nein, auch wenn mich jemand nach meiner beruflichen Tätigkeit fragt und ich voller Freude und Begeisterung auf das Thema Mathematik zu sprechen komme, erlebe ich fast immer eine ähnliche Reaktion: Bei meinen Gesprächspartner*innen stellen sich die Nackenhaare auf, sie werfen ängstliche Blick nach links und rechts, um zu überprüfen, ob nicht etwa gleich eine*r ihrer ehemaligen Mathematiklehrer*innen auf sie zu gesprungen kommt, und aus ihrem Gesichtsausdruck verschwindet jegliches Anzeichen von Hoffnung und Positivität.

Und jedes Mal wieder berühren mich diese Reaktionen. Weil ich diese Menschen verstehe. Sehr gut sogar. Bei mir war es in der Schule nämlich ganz ähnlich; nur war es bei mir nicht die Mathematik, die mir Angst machte, bei mir waren es die Sprachen. Bekam ich ein Genügend (Anm.: In Österreich ist das die erste positive Note, mit der man gerade noch bestanden hat – also nichts, worauf man besonders stolz ist.) auf eine Deutsch-, Englisch- oder Lateinarbeit, war ich froh und erleichtert. Hatte ich mal wieder eine weitere Gelegenheit, meine sprachliche Unfähigkeit bestätigt zu bekommen, gerade noch so überstanden – ja, manchmal kamen sogar Worte wie »überlebt« in mir hoch. Einmal meinte sogar einer meiner (vermutlich schon sehr verzweifelten) Deutschlehrer am Ende eines Schuljahres zu mir, ich solle froh sein, dass ich ein Genügend auf dem Zeugnis bekomme. Eigentlich hätte ich es nicht verdient und ich bekäme die Note nur, wenn ich ihm verspräche, in Zukunft meine Finger (oder Füllfeder) von der deutschen Sprache zu lassen. An dieser Stelle fällt mir ein: Vielleicht sollte ich diesem – bei seiner Berufswahl vermutlich fehlgeleiteten – Mann ein Exemplar von diesem Buch zukommen lassen?

Doch kommen wir zu den Menschen zurück, die in Mathematik ganz ähnliche – oder noch schlimmere – Erfahrungen machen wie ich eben in Deutsch. Ich habe tiefes Verständnis für ihre Reaktion auf ihre mathematischen Schulerinnerungen. Gleichzeitig tauchen immer wieder dieselben Fragen in mir auf: Wie kann es nur sein, dass eine Wissenschaft wie Mathematik, die mir so viel Freude bereitet und die so viel Positives, Schönes, Humorvolles und Ästhetisches in dieser Welt hervorgebracht hat, bei so vielen Menschen solch negative Reaktionen hervorruft? Woran liegt es, dass sich so viele Menschen mit Angst und Schaudern an ihre mathematische Schulzeit zurück erinnern? Was genau sind die Gründe dafür, dass intelligente, erfolgreiche und sogar positive Menschen über sich selbst in Bezug auf Mathematik eine so miserable Meinung haben?

Und schließlich kommt dann irgendwann der Gedanke hoch: Dafür muss es doch eine Lösung geben! (Was übrigens ein sehr mathematischer Gedanke ist.)

Mit diesem Buch möchte ich genau diesen Fragen auf den Grund gehen – und dir die Lösungen und Handlungsmöglichkeiten aufzeigen, auf die ich im Laufe meiner Arbeit gestoßen bin: neue Wege und andere Perspektiven auf das Thema (Schul-)Mathematik, die dich darin unterstützen sollen, dass du in Zukunft bei dem Wort *Mathematik* nicht mehr zusammenzuckst und keine angstvollen Gedanken an noch angstvollere Stunden und Tage in der Schule in dir hochkommen. Ich weiß, dass es für jede Leserin und jeden Leser möglich ist, die Zeit vor – und auch während und sowieso nach – der nächsten Mathe-Prüfung entspannt und angstfrei zu erleben. Dieses Buch soll dir genau dabei eine Unterstützung sein. Es will dir zeigen, dass Mathematik mehr ist als das, was wir üblicherweise in der Schule davon mitbekommen. Dass in jedem von uns das Potenzial und die Fähigkeit stecken, mathematische Gedankengänge zu verstehen und zu gehen. Und dass es für alle Schüler*innen möglich ist, die Schulzeit auch im Fach Mathematik erfolgreich zu absolvieren.

Ich wünsche dir viele spannende, unterhaltsame und aufschlussreiche Momente beim Lesen dieses Buches. Und dass es dir – wenn du das möchtest – gelingt, deine Perspektive auf diese Wissenschaft und vor allem auf das Schulfach Mathematik zu verändern. Ob eine Herausforderung, der du begegnest, für dich wie ein beinahe unbezwingbarer Berg oder doch eher wie ein leicht zu überschreitender Hügel aussieht, liegt nämlich bekanntlich genau daran: an deiner Perspektive.

Mathematik-Theorie

In diesem Kapitel werde ich mit dir einen kurzen Blick auf das Wesen und die Grundgedanken der Mathematik werfen. Es wird zuerst darum gehen, welche Existenzberechtigung Mathematik hat, wieso es diese Wissenschaft als solche gibt. Danach werden wir uns mit den Unterschieden zwischen der Schul-Mathematik und der Wissenschaft Mathematik beschäftigen. Außerdem will ich dir zeigen, wieso es sinnvoll ist, gerade in der Schul-Mathematik von Anfang an mitzulernen und »dranzubleiben«. Am Ende dieses Kapitels werfen wir noch einen Blick darauf, welche Bedeutung den Begriffen Beziehung und Vertrauen in Bezug auf die Schul-Mathematik zukommen.

Mathematik – wieso, weshalb, warum?

Mathematik ist die Wissenschaft davon, es sich so einfach wie möglich zu machen. Das Finden, Erkennen und Verstehen von Mustern und Zusammenhängen in unserer Umwelt ist der Reiz, den diese Wissenschaft ausmacht.

Wofür überhaupt Mathematik? Vielleicht hast du dir diese Frage auch schon das eine oder andere Mal gestellt. Vielleicht warst du sogar so verwegen und hast diese Frage nicht nur dir, sondern z. B. deinen Eltern oder gar deinen Lehrer*innen gestellt? Solltest du das getan haben, hast du hoffentlich eine für dich zufriedenstellende Antwort darauf bekommen. Wenn ja, so freue ich mich für dich und über die Sozialkompetenz der Gefragten. Ich finde es nämlich ziemlich unfreundlich, eine ernst gemeinte Frage – erscheint sie den Gefragten auch noch so überflüssig – nicht mit einer ernst gemeinten Antwort zu würdigen. Deshalb tut es mir ehrlich leid für dich, solltest du bisher noch keine zufriedenstellende Antwort bekommen haben. Es ist nämlich eine ausgesprochen gute, sinnvolle und ernst zu nehmende Frage. Aus genau diesem Grund möchte ich mich ihrer Beantwortung auch gleich am Anfang meines Buches widmen. Also: Wofür überhaupt Mathematik?

Wenn meine Schüler*innen mir diese Frage stellen, antworte ich ihnen gerne mit dem Satz:

> *Mathematik ist die Wissenschaft davon,*
> *es sich so einfach wie möglich zu machen.*

Klingt vielleicht komisch, ist aber so. In der Mathematik geht es darum, Zusammenhänge, Sachverhalte, Überlegungen und Theorien in so einfachen Formen und Worten wie möglich darzustellen und zum Ausdruck zu bringen. Sicherlich kennst du selber aus deiner Schullaufbahn Rechenaufgaben aus dem Mathematikunterricht, die mit den Worten beginnen: »Vereinfache so weit wie möglich.« Hier handelt es sich um eine klassische Aufgabenstellung zur Einführung in die Mathematik und zum Kennenlernen der ihr zugrunde liegenden Ideen, Ansätze und Denkweisen. Im Laufe meines Lebens habe ich immer wieder die Erfahrung machen dürfen, welche Eleganz, Schönheit, Klarheit und Einfachheit in der Mathematik und ihren Anwendungsmöglichkeiten liegt. Natürlich ist mir bewusst, dass es einfach ist, eine Wissenschaft mit solch schmeichelhaften Worten zu beschreiben, wenn es einem (halbwegs) leichtfällt, sie zu verstehen. Hat man aber damit zu kämpfen, dann sieht man die Sache meistens ganz anders.

Dennoch bin ich der ehrlichen Überzeugung, dass Mathematik an sich etwas sehr Schönes, Elegantes und Faszinierendes ist. So, wie ich Mathematik verstehe und erlebe, geht es dabei nicht wirklich ums Rechnen. Natürlich lernen wir Rechnen im Mathematikunterricht, und in der Mathematik wird – zugegebenermaßen – tatsächlich die eine oder andere Berechnung angestellt. Doch Mathematik auf Rechnen zu reduzieren, wäre viel zu kurz gegriffen. Das Rechnen ist eine von vielen Methoden, die in der Mathematik Anwendung finden. Dass die meisten von uns Rechnen mit Mathematik gleichsetzen, liegt wahrscheinlich an dem Stellenwert, dem Rechnen vor allem in den ersten sechs Jahren in der Schulmathematik eingeräumt wird. Dort geht es tatsächlich sehr häufig darum, etwas zu berechnen – und das bitte schön auch noch schnell und richtig! Ich verstehe sehr gut, dass dieser Ansatz die meisten von uns nicht wirklich zu Begeisterungsstürmen hinreißt. Doch wie sieht es mit den anderen Methoden in der Mathematik aus?

Zwei der wichtigsten und für mich schönsten Kompetenzen, die uns die Mathematik vermitteln kann, sind in meinen Augen eine neue Denkweise und der Perspektivenwechsel, den wir durch sie erleben und erfahren können. Mathematiker*innen denken anders. Diesen Satz habe ich schon sehr oft von Eltern und Schüler*innen gehört, die sich mit dem Fach beschäftigen (müssen). Tatsächlich, meine ich, denken Mathematiker*innen nicht wirklich anders als andere Menschen, sie verfügen nur über eine zusätzliche, eben mathematische, Denkweise. In der Mathematik geht es darum, Zusammenhänge zu finden, zu erkennen und sie (im Idealfall) so einfach wie möglich darzustellen. Dadurch soll es ermöglicht werden, Gesetzmäßigkeiten auch auf anderen Gebieten anzuwenden und so einen möglichst großen Nutzen daraus zu ziehen.

Das logische bzw. folgerichtige Denken ist in der Mathematik eines der wichtigsten und notwendigsten Werkzeuge. Die Fähigkeit, in einem Text bzw. in einer Aufgabenstellung Zusammenhänge und Muster zu erkennen, diese sichtbar zu machen und in logisch nachvollziehbaren Schritten zu bearbeiten, ist eine der wertvollsten und nützlichsten Kompetenzen von Mathematiker*innen. In so gut wie jedem Bereich unseres heutigen Lebens kommen Errungenschaften der Mathematik zum Einsatz bzw. hat die Mathematik wichtige Grundlagen geschaffen, um unserer Gesellschaft Fortschritt und Entwicklung zu ermöglichen. Es gibt – meines Wissens –

keinen Zweig in unserer heutigen Wirtschaft, Wissenschaft oder restlichen Arbeitswelt, in dem Mathematiker*innen nicht gefragt oder gerne gesehen sind. In ihrer Eigenschaft als Struktur- bzw. Formalwissenschaft wirkt Mathematik in alle Bereiche unseres Alltags hinein. Ihre Ansätze, Ideen, Gedanken, Regeln, Gesetzmäßigkeiten und Schlussfolgerungen schufen die Basis, auf der sich viele Wissenschaften entwickeln und ihren Nutzen und Wert für unsere Gesellschaft entfalten konnten. In den Naturwissenschaften Chemie, Physik, Geografie und Biologie werden mithilfe der Mathematik Modelle erstellt und Vorhersagen getroffen. Diese Modelle und Vorhersagen wiederum werden verwendet, um die Erkenntnisse dieser Wissenschaften für unsere Gesellschaft nutzbar zu machen. Mathematik wirkt also im Hintergrund. Es sind vor allem die Fähigkeiten und Kompetenzen, die durch die Beschäftigung mit der Mathematik entstehenden und die so vielseitig einsetzbar sind, die sie zu einer so universellen Wissenschaft haben werden lassen.

Auf einen Blick zusammengefasst geht es in der Mathematik zuerst um das Entwickeln und letzten Endes das Einsetzen unter anderem folgender wichtiger Fähigkeiten:

- Logisches Denken und Schlussfolgern
- Muster entdecken
- Zusammenhänge finden
- Vereinfachungen formulieren
- Gesetzmäßigkeiten und Regeln erkennen
- Übertragen und Anwenden von Erkenntnissen aus einem Bereich auf neue Bereiche

Und es sind genau diese Fertigkeiten, die die Mathematik so wichtig, vielseitig und für unsere Gesellschaft wesentlich machen. Die Anwendung einer oder mehrerer dieser Fähigkeiten ermöglicht es, in so gut wie jedem Bereich unseres Lebens Fortschritte zu machen und Neues bzw. Wertvolles zu entdecken und zu entwickeln. Dabei spielt vor allem auch die Kreativität, die natürliche Neugier und die Verspieltheit von uns Menschen eine wesentliche Rolle. Mathematische Ansätze, Denkweisen,

Theorien und Gesetze auf neue Gebiete anzuwenden bzw. neu zu kombinieren, ist eine der wertvollsten Kompetenzen, die Menschen für eine positive Entwicklung unserer Gesellschaft mitbringen können. Dies sind auch genau jene Fähigkeiten, die in der Wirtschaft, der Wissenschaft und auch in der Kunst zu herausragenden Leistungen und Werken führen können. So ist es kein Zufall, dass sich viele bedeutende Künstler*innen und Wissenschaftler*innen auch mit der Mathematik beschäftigten und diese in ihre Kunstwerke und Forschungen mit einfließen ließen. Als Beispiele sein hier Leonardo da Vinci, Johann Sebastian Bach, Johann Wolfgang von Goethe oder M.C. Escher genannt. Da Vincis Kunstwerke entstanden nicht selten unter Einbeziehung des goldenen Schnittes, Johann Sebastian Bach beschäftigte sich ausgiebig mit Zahlen und Folgen und ließ diese in seine Musikwerke mit einfließen. Goethe schrieb Abhandlungen zu naturwissenschaftlichen Themen wie z. B. der Geologie und Botanik. M.C. Escher arbeite bei der Schaffung seiner Bilder und Grafiken mit geometrischen Mustern und Formen, um seine bekannten »unmöglichen« Figuren oder Metamorphosen zu erstellen.

Mathematik spielt in unserem Alltag also eine weitaus größere Rolle, als es auf den ersten Blick den Anschein hat. Das ist auch einer der wesentlichsten Gründe, warum ihr in der Schule so viel Bedeutung zugemessen wird. Allerdings ist die Art und Weise, wie junge Menschen an die Mathematik herangeführt werden sollen, durchaus zu hinterfragen. In der Schul-Mathematik bleiben gerade die Aspekte Neugierde, Freude und Verspieltheit viel zu oft auf der Strecke.

Mathematik als Wissenschaft und Schulfach

In der Schule lernen wir zu Beginn – zumindest in den meisten Schulen im deutschsprachigen Raum – in Mathematik die Zahlen und die vier Grundrechenarten kennen. Uns wird gezeigt, wie man die Ziffern richtig schreibt, wie sie heißen und wie man sie benutzen kann. Zuerst beschäftigen sich die Schüler*innen in der Grundschule mit den Zahlen von

1 bis 10, irgendwann kommt dann die sogenannte Zehnerüberschreitung mit den vier Grundrechenarten dran, und wir erweitern »unseren« Zahlenraum bis 100, 1 000 und irgendwann bis zu einer Million. Ich erinnere mich noch sehr gut, wie ich als sechsjähriger Junge ältere Nachbarskinder über Zahlen bis zu einer Million habe reden hören und wie beeindruckt ich davon war, dass es möglich ist, mit – zumindest für mich – so unvorstellbar großen Zahlen zu arbeiten und auch noch damit zu rechnen. Das war für mich damals etwas Gewaltiges, Ehrfurchtgebietendes und brachte mich an den Rand meiner Vorstellungsmöglichkeiten. Wenn ich heute mit jungen Kindern in Mathematik zusammenarbeite, so erlebe ich auch bei ihnen dieses Interesse, die Neugier und das Staunen über die Möglichkeiten, die in dieser Wissenschaft stecken. Ich erlebe diese Haltung und Bewunderung vor allem dann, wenn Kinder noch nicht bzw. erst seit kurzer Zeit in der Schule sind.

Ich bin davon überzeugt, dass jedes Kind staunen und sich für Abenteuer, Herausforderungen und Neues begeistern kann. Wie wir etwas später in diesem Buch sehen werden, sind Freude, die Fähigkeit zu staunen und Begeisterung ganz essentielle Voraussetzungen für erfolgreiches und nachhaltiges Lernen. Nun ist es schon fast zehn Jahre her, dass meine jüngste Tochter ihren ersten Schultag hatte und mit der schulischen Form von Lernen konfrontiert wurde. Damals habe ich in den Aufgaben, den Büchern und dem Unterricht im Fach Mathematik sehr viele Parallelen zu meiner eigenen Grundschulzeit wiedererkannt. Tatsächlich kenne ich persönlich auch heute nur sehr, sehr wenige Schulen, in denen Kinder es nicht auf die »klassische« Art und Weise mit Mathematik zu tun bekommen. Der Ansatz, erst einmal die Zahlen und die vier Grundrechenarten kennenzulernen und sich dann immer weiter und höher hinauf zu arbeiten, ist sicherlich eine Möglichkeit und hat auch seine Berechtigung und in einem gewissen Maße seine Richtigkeit und Gültigkeit. So ist es möglich, einen Standard herzustellen und allen Kindern »die gleichen« Möglichkeiten zu bieten. Leider gehen bei diesem Ansatz aber zwei ganz wesentliche Komponenten verloren: die Freude und die Begeisterung. Dieser Ansatz verleitet uns nicht zum Staunen, vielmehr bringt er viele junge Menschen zum Stöhnen.

In Österreich wurde die Pflichtschule unter der Regentin Maria Theresia und ihrem Sohn und Thronfolger Joseph II. eingeführt. Das war in der zweiten Hälfte des 18. Jahrhunderts, und damals wurde das Ganze nicht Schulpflicht, sondern Unterrichtspflicht genannt. In Deutschland gibt es in den meisten Bundesländern die Unterrichtspflicht ca. seit Mitte des 18. Jahrhunderts. Seit damals ist viel Zeit vergangen, und es hat sich viel in unserer Gesellschaft und unserer Kultur verändert und entwickelt. Zu einem gewissen Teil trifft dies auch auf die Schule und den Unterricht zu. Im Laufe der Schulgeschichte haben sich die Unterrichtsfächer geändert, einige Gegenstände sind verschwunden, neue Bereiche sind dazu gekommen. Zum Thema der Schulentwicklung, der Entwicklung des Unterrichts und dem Wandel von Schule im Laufe der Geschichte gibt es zwar durchaus gute – meistens rein wissenschaftliche – Literatur, eine allgemein leicht verständliche, gut lesbare und leicht zu findende Zusammenfassung oder Übersicht dazu habe ich aber bis heute noch keine gefunden. Obwohl ich der Meinung bin, dass so ein Werk sehr interessant, lohnenswert und aufschlussreich sein würde, werde ich auf diesen Aspekt in meinem Buch nicht weiter eingehen, da er den Rahmen bei Weitem sprengen würde. Warum erwähne ich dieses Detail dann aber hier? Klar zu machen, seit wann es Unterrichts- bzw. Schulpflicht in den DACH-Ländern gibt, scheint mir wichtig, um nachvollziehen zu können, wie es möglich ist, dass sich der Mathematikunterricht (und ich vermute, es betrifft auch noch einige andere Unterrichtsfächer) scheinbar so wenig oder nur kaum spürbar verändert hat.

Die meisten von uns sind im Regelschulsystem aufgewachsen und haben dort ihr Schulwissen vermittelt bekommen. Wir haben Mathematik dort kennengelernt und sind damit mehr oder weniger erfolgreich durch die Schulzeit gekommen. Es hat für uns also funktioniert. Funktioniert in dem Sinne, dass wir immer noch da sind, dass wir einen Weg gefunden haben, damit zurechtzukommen, und dass wir überlebensfähiger Teil unserer Gesellschaft geworden sind. Wenn wir nun bei unseren Kindern – oder unsere Eltern bei uns – in der Schule den Mathematikunterricht so erleben, wie wir ihn erlebt haben, so erscheint es uns als okay. Schließlich haben wir es ja auch geschafft. Diese Sichtweise bzw. Einstellung macht es sehr schwer, etwas zu verändern bzw. neu zu gestalten. Das ist kein Vorwurf, sondern eine Feststellung bzw. meine persönliche Erfahrung: Wenn ich mit etwas zufrieden bin bzw. wenn ich es akzeptiere, sinken Bereitschaft und Antrieb, etwas zu verändern, gegen null. Sätze wie »Never change a winning team« oder »Verändere nichts, was funktioniert« spiegeln diese Haltung sehr gut. So ist es – meiner Meinung nach – auch nachvollziehbar, wieso es in all den vielen Jahren, in der es Schule gibt, nur so wenige Veränderungen in den Unterrichtsmethoden gegeben hat. An dieser Stelle sei erwähnt, dass es sehr wohl viele Menschen gab und gibt, die Alternativen, neue Wege und andere Modelle entwickeln, die auch gut funktionieren und die von anderen Ansätzen ausgehen. Als Beispiele seien hier Maria Montessori, Rudolf Steiner oder Margret Rasfeld erwähnt. Doch haben die Methoden dieser Visionär*innen bisher so gut wie gar nicht Einzug in das Regelschulsystem gefunden. Und durch diese Art von Regelschule gehen bis heute die meisten Kinder und Jugendlichen in Deutschland, Österreich und der Schweiz. So ist es für die meisten von uns schwer vorstellbar, wie Mathematik anders als bisher gewohnt vermittelt werden könnte.

Tatsächlich ist es ja auch nicht die Aufgabe von den meisten von uns, Mathematikunterricht oder gar Schule neu zu denken. Doch gibt es durchaus Menschen, deren Aufgabe es ist, hier für Entwicklung, Fortschritt und Verbesserungen zu sorgen. Dass es vermutlich bessere Möglichkeiten gibt, junge Menschen für Mathematik zu begeistern und ihnen die Faszination und Freude, die diese Wissenschaft mit sich bringen kann, näherzubringen und zu zeigen, möchte ich an folgendem Beispiel verdeutlichen.

Für die meisten von uns spielt Musik eine wichtige und deutlich wesentlichere Rolle in unserem Leben als Mathematik. Nun stelle man sich vor, jemand käme auf die Idee, Kinder dürften erst dann mit Musik zu tun haben, wenn sie die dafür notwendigen Grundlagen kennengelernt haben und beherrschen. Kinder müssten also alle Noten lesen lernen, die unterschiedlichen Tonleitern, Notenschlüssel und Vorzeichen auswendig können und die Theorie über Oktaven, Notensysteme und Harmonien beherrschen. Des Weiteren sollten sie erst einmal an die Grundlagen und Ideen des Komponierens herangeführt werden, um dann erste

Musikstücke hören oder gar selber beginnen zu dürfen, Musik zu machen. Außerdem gäbe es Tests, Schularbeiten und Prüfungen, in denen die Kinder und Jugendlichen selber Noten lesen und wiedergeben müssen, kurze Harmonien komponieren sollen und in denen es vorgegebene Lieder nachzusingen oder zu erkennen gilt. Erreichen sie dabei nicht ein Mindestmaß an Fähigkeiten oder Wissen, werden sie negativ beurteilt und müssen eine Prüfung, einen Test oder gar ein ganzes Schuljahr wiederholen. Der allgemeine Unterricht in Musik sieht deshalb so aus, weil die Gesellschaft erkannt hat, wie wichtig Musik für uns Menschen ist, welche außergewöhnliche Rolle sie in unserem Alltag spielt, wie groß ihr Einfluss auf beinahe alle Bereiche unseres Lebens ist und wie wesentlich es deshalb zu sein scheint, dass sich wirklich jedes Kind zumindest mit den Grundlagen dieser Wissenschaft auskennt und diese beherrscht. Für ein Funktionieren der Gesellschaft wird es als wesentlich betrachtet, dass jeder Mensch Musik – rational – versteht. Das Ganze wurde – in der vollen Überzeugung, dass auf diese Weise jedes Kind Freude und Begeisterung an Musik erleben wird – entwickelt, um die jungen Menschen in die Lage zu versetzen, sich ihr ganzes weiteres Leben mit Musik auszukennen und vielleicht auch damit zu beschäftigen. So sollte gewährleistet sein, dass jeder Mensch zu dieser für uns als Menschheit so wichtigen Wissenschaft beiträgt.

Diese Vision von Musik an der Schule erscheint dir vielleicht gruselig – zumindest gruselt es mir bei dem Gedanken, es könnte so weit kommen. Obwohl Musik tatsächlich ein sehr wesentlicher Teil unseres Lebens ist und auf so gut wie alle Bereiche unseres Alltags Einfluss nimmt, halten wir es – zum Glück – nicht für notwendig, dass jedes Kind über grundlegendes Wissen in Musiktheorie, Notenkunde, Komposition oder Takt- und Rhythmusgefühl verfügt. Musik funktioniert auch, wenn wir sie nicht rational verstehen oder erfassen können. Manch eine oder einer unter uns mag sogar der Meinung sein, dass ein rationaler Zugang zur Musik deren Genuss und Freuden schmälert.

Meiner Meinung nach sieht es in der Mathematik nicht so sehr anders aus. Mathematik ist wahrscheinlich jene Wissenschaft, die auf unseren Alltag den größten Einfluss ausübt, die in so gut wie jedem Bereich unseres Lebens vorkommt und deren Ideen, Überlegungen, Theorien und Erkenntnisse in fast allen anderen Wissenschaften zum Tragen kommen. Eine Kultur und Gesellschaft, wie wir sie heute in der sogenannten westlichen Welt kennen, wäre ohne Mathematik nicht vorstellbar. Ich finde es durchaus sinnvoll, alle Kinder in der Schule mit dieser edlen Wissenschaft in Kontakt zu bringen und sie Mathematik erleben und spüren zu lassen. Allerdings erscheint mir die Art und Weise, wie dies geschieht, in die falsche Richtung zu gehen.

Wäre es nicht unseren Kindern und der gesamten Menschheit dienlicher, wenn junge Schüler*innen Mathematik – ähnlich wie Musik – mit Leidenschaft, Freude, Emotionen und Begeisterung erleben könnten? So bieten z. B. gerade die Biologie oder die Kunst eine Vielzahl an Möglichkeiten, Gesetzmäßigkeiten, Muster, Folgen und andere Zusammenhänge zu entdecken, zu erkennen und zu erforschen. Als Beispiel seien hier der goldene Schnitt oder der Zusammenhang zwischen den gleichen Tönen unterschiedlicher Oktaven genannt. Werden junge Menschen mit ihrer natürlichen Neugier an das Thema und die Wissenschaft Mathematik herangeführt, so öffnen sich ungeahnte Räume und Möglichkeiten. Freilich werden die Kinder einer Klasse unterschiedliche Interessen und Fähigkeiten mitbringen. Sie werden sich auf vielfältige Art und Weise mit der Mathematik beschäftigen und womöglich zu Ideen, Gedanken und Ansätzen kommen, zu denen vor ihnen noch niemand gekommen ist. Und mit ziemlicher Sicherheit werden nicht alle Schulabsolventen und -absolventinnen über denselben Wissensstand in Bezug auf Mathematik und ihre Grundlagen verfügen. Wahrscheinlich bedarf diese Art des Unterrichts und der Schule eines anderen Verständnisses des Lehrer*innen-Berufes. Doch gerade in den individuellen Unterschieden, in dieser Vielfalt und in dieser Unvorhersehbarkeit liegen die Stärken und Möglichkeiten dieses Ansatzes für eine andere Art von Mathematikunterricht.

In der sogenannten Schul-Mathematik geht es meisten darum, Regeln, Ideen, Gesetze und Theorien kennenzulernen, zu verstehen und wiedergeben zu können. Dabei wird ein bestimmter Teil der Mathematik als »Grundlage« festgelegt und unterrichtet. Ausgehend von jenen Teilen der Mathematik, mit denen wir es im Alltag am meisten zu tun haben, lernen wir zuerst die natürlichen Zahlen kennen. Hinter dem Aufbau bzw. der Organisation der Schul-Mathematik steckt durchaus ein System bzw. ein Muster (Wie könnte das auch gerade bei Mathematik nicht der Fall sein?). Der Zahlenraum wird Schritt für Schritt erweitert, die verschiedenen Rechenarten werden eingeführt, und es kommen – neben dem Rechnen – immer neue mathematische Gebiete, wie z. B. die Grundlagen der Geometrie, funktionale Zusammenhänge, Algebra oder die Wahrscheinlichkeitsrechnung dazu. So bekommen es Schüler*innen mit einem immer größeren und vielfältigeren Spektrum der Mathematik zu tun. In der Annahme, so das Interesse und die Begeisterung dafür zu fördern und den Nutzen der Mathematik für unseren Alltag und unsere Gesellschaft bewusst machen zu können, findet diese Vermittlung von Mathematik in nahezu allen Regelschulen im gesamten DACH-Raum statt.

In meiner Tätigkeit als Lehrer an der Schule und im Privatbereich habe ich festgestellt, dass Menschen im Allgemeinen und Kinder und Jugendliche im Besonderen leichter und besser lernen, wenn sie dies mit Freude und Begeisterung tun. Allerdings erlebe ich nur bei einem sehr geringen Teil der Schüler*innen diese Freude und Begeisterung in Bezug auf Mathematik in der Schule. Ich bin überzeugt davon, dass dies zu einem nicht unerheblichen Teil auch an der Art und Weise liegt, wie Mathematik an junge Menschen vermittelt wird. In meiner Wahrnehmung fehlen das Fördern der Neugier, die Möglichkeit, zu forschen und zu entdecken, und die Herausforderung, sich seine eigenen Gedanken machen zu müssen bzw. gar zu dürfen. Dabei bietet dieser Zugang zur Wissenschaft Mathematik sehr viel mehr Entwicklungsmöglichkeiten und Entfaltungspotenzial. Gerade in der Wissenschaft und der modernen Wirtschaft sind jene Menschen gefragt und gewünscht, die es schaffen, sich neue Gedanken zu machen, die ihre eigenen Ideen und Überlegungen haben und einbringen, um so neue, bisher noch nicht wahrgenommene Perspektiven und Ansätze sichtbar zu machen.

Erleben und erfahren (vor allem junge) Menschen die Möglichkeiten, die Faszinationen und die Schönheit der Mathematik »am eigenen Leib« bzw. in ihrem Mathematikunterricht in der Schule, so werden sie beginnen, sich ganz von selbst für die notwendigen Werkzeuge und Grundlagen zu interessieren, die notwendig sind, um mit der Mathematik Großartiges, Nutzbringendes, Außergewöhnliches und Berührendes zu erschaffen und zu erreichen. Ob auf diese Weise alle Kinder mit Begeisterung Mathematik erforschen werden und lernen wollen? Mit Sicherheit nicht. So, wie nicht jeder Mensch im selben Maße z. B. von Sport, Kunst, Handwerksfertigkeiten oder Sprachen fasziniert ist, so wird es ganz gewiss auch mit der Mathematik sein: Es gibt Menschen, die Gefallen und Freude daran finden werden, sich mit ihr zu beschäftigen, sie genauer kennenzulernen, um sie dann in allen möglichen (und bestimmt auch unmöglichen) Bereichen zur Anwendung zu bringen. Und es wird Menschen geben, denen es reichen wird, Mathematik kennengelernt zu haben und die sich dann dazu entschließen, sich nicht weiter als nötig mit ihr zu beschäftigen. Und vielleicht sind das sogar mehr als jene, die von Mathematik so fasziniert sind, dass sie sich ihr intensiver widmen werden. Doch ich bin der Meinung, dass drei begeisterte, glühende und leidenschaftliche Mathematiker*innen für das Wohl und die Zufriedenheit unserer Gesellschaft und vielleicht sogar der gesamten Menschheit mehr bewirken werden, als einhundert Personen, die alle dasselbe lernen mussten und sich nicht nach ihren Bedürfnissen ihren Stoff aussuchen durften.

Da dieser Ansatz in der Regel nicht im Mathematikunterricht gelebt wird bzw. zum Einsatz kommt, ist es sinnvoll, einen Blick darauf zu werfen, wie ein guter und erfolgreicher Umgang mit dem aktuellen Mathematikunterricht aussehen kann.

Mathematik als aufbauendes Fach – lerne von Anfang an mit

Wie bereits weiter oben erwähnt, findet der Mathematikunterricht in der Regel nach einem bestimmten Muster und System statt. Zu Beginn werden die grundlegendsten Elemente der Mathematik – die Zahlen, ihre Namen, ihre Schreibweise und der ihnen zugrunde liegende Aufbau – eingeführt und unterrichtet. Danach wird mit diesem Wissen weitergearbeitet. Das neue Wissen wird also dafür benutzt, wiederum Neues einzuführen, zu erklären und anzuwenden. Habe ich z. B. den Sinn und das Wesen von Zahlen kennengelernt und verstanden, so soll es mir im nächsten Schritt möglich sein, mit diesen Zahlen zu arbeiten – im Falle der Schul-Mathematik eben zu rechnen. Es werden die vier Grundrechenarten erarbeitet und gelernt. Danach geht es weiter zu anderen Bereichen wie z. B. Text- und Sachaufgaben, den Grundlagen der Geometrie oder der Erweiterung des Zahlenraums auf die ganzen, die rationalen, die irrationalen und schließlich die reellen Zahlen. Dabei werden dann auch die Bruchzahlen und das Arbeiten mit ihnen kennengelernt und bearbeitet.

Der Grundgedanke dieser Methode ist schon sehr alt und durchaus erprobt: Ich lerne erst ein wenig, um mir dann mit diesem (noch geringen) Wissen mehr Wissen und Lernmöglichkeiten zugänglich zu machen. An sich kein schlechter Ansatz, der durchaus viel Positives und Lohnenswertes – vor allem die Anwendungsmöglichkeit des bereits Gelernten und die damit verbundenen Erfolgserlebnisse – mit sich bringt. Kurz zusammengefasst: Ich lerne etwas, kann es und kann mein neues Wissen dazu benutzen, noch mehr zu lernen. Im Grunde eine gute Idee.

Im Grunde. Denn in dieser Aussage steckt ein nicht unwichtiges Detail, das zu großen Herausforderungen führt: Damit ich in Mathematik weiterkomme, muss ich das, was davor dran war, verstanden haben und anwenden können. Habe ich z. B. den Sinn hinter der Division nicht (richtig) verstanden, so werde ich auch mit Brüchen meine Schwierigkeiten haben. Ist mir der Aufbau unseres dekadischen Zahlensystems und der Grundgedanke von Stellenwerten nie verständlich erklärt bzw. gezeigt worden, so werde ich die Umwandlung von unterschiedlichen Einheiten als herausfordernd, schwierig und vielleicht zu kompliziert erleben. Im Grunde gilt vor allem (aber sicher nicht nur) im Unterrichtsfach Mathematik:

Lerne von Anfang an mit, und du wirst dich sehr viel leichter tun.

Dabei ist es – wie schon erwähnt – wichtig, dass das Lernen mit Freude, Begeisterung und Interesse möglich ist. Für Eltern, deren Kinder noch vor dem Schuleintritt stehen, ist es wichtig, diese darin zu unterstützen und zu fördern, von Anfang an im Fach Mathematik mitzukommen. Damit meine ich nicht eine übertriebene Frühförderung, eine gut gemeinte (was ja bekanntlich das Gegenteil von *gut* ist) Überforderung oder ein ständiges Antreiben oder gar Überprüfen der Kinder. Es ist für eine positive und gesunde Entwicklung wichtig, dass sich Kinder in ihrem Tempo und nach ihren Wünschen, Bedürfnissen und Möglichkeiten entwickeln und entfalten dürfen. Eine liebevolle, wertschätzende und achtsame Begleitung der eigenen Kinder und Jugendlichen sorgt für die richtigen Rahmenbedingungen. Auch gilt es beim Aspekt des »von Anfang an Mitlernens« zu beachten, dass jede und jeder von uns ein individuelles Entwicklungstempo hat und wir uns zu unterschiedlichen Zeitpunkten in unserer Entwicklung mit unterschiedlichen Themen befassen (wollen) und individuelle Lernzeiten haben. So ist es dem einen Kind möglich, bestimmte Inhalte der Schul-Mathematik genau zu dem Zeitpunkt zu lernen, zu dem sie in der Schule unterrichtet werden, ein anderes Kind ist zur selben Zeit in seiner Entwicklung an einem anderen Punkt und erst ein, zwei Jahre später wirklich bereit, dieselben Inhalte zu erfassen und zu verstehen. Das sagt im Übrigen nichts über die Fähigkeiten der Kinder aus. Die Lernentwicklung bei uns Menschen scheint einfach etwas sehr Individuelles zu sein. Im Idealfall haben Kinder (und Jugendliche) die Möglichkeit, Mathematik in ihrem Tempo und auf ihre Art und Weise zu erleben und zu erlernen.

Besonders in der Schul-Mathematik ist es für Schüler*innen wichtig, dass sie den Stoff nicht nur verstehen, sondern ihn auch sicher anwenden können. Dabei ist die Grundidee von Schule häufig folgende: Im Unterricht wird der Stoff erklärt und vermittelt, dort findet (im Idealfall) das Verstehen statt. Mit dem selbstständigen Lösen der Hausaufgaben wird der in der Schule verstandene Stoff geübt und gefestigt. Konnte der Stoff im Unterricht tatsächlich ALLEN Schüler*innen verständlich gemacht und erklärt werden und machen auch ALLE Schüler*innen selbstständig ihre Hausaufgaben, ist dieses Konzept einfach und genial. In der Realität sieht die ganze Sache (leider) meistens anders aus. Ein Unterrichtsstoff wurde in der Schule nicht verstanden und die bemühten Schüler*in-

nen versuchen (teilweise verzweifelt), durch das Arbeiten an ihren Hausaufgaben das nicht Verstandene nachzuholen. Doch in der Regel sind
Schul-Mathematikbücher eine schlechte Quelle zum Verstehen des Stof-
fes. Sie eignen sich meistens ganz ausgezeichnet zum Üben, Trainieren
und Festigen des bereits Verstandenen, sie enthalten viele, viele Übungs-
beispiele. Auch die in ihnen enthaltenen Erklärungen sind – meiner Erfahrung nach – alle sehr gut, kurz und knackig. Und leicht nachvollziehbar – wenn man das Thema bereits verstanden hat. Für Kinder und
Jugendliche, die den Stoff mithilfe ihrer Mathematikbücher verstehen
wollen, sind die dortigen Erklärungen oft ein Graus. Das ist wohl auch
ein Grund, warum es im Internet trotz der Fülle an Schul-Mathematik-
büchern eine Vielzahl an Erklär-Videos zu nahezu jedem Thema der
Schul-Mathematik gibt. Videos, die tatsächlich Inhalte einfach verständlich vermitteln.

So individuell das Lerntempo bei uns Menschen ist, so individuell
müssen manchmal auch die Erklärungen ausfallen, damit wir etwas verstehen. Lehrer*innen stehen hier vor einer fast unmöglichen Herausforderung: In einer Klasse mit durchschnittlich 23 Schüler*innen müssen sie den Inhalt so vermitteln, dass ihn möglichst viele davon verstehen.
Damit der Stoff von allen verstanden wird, müssten sie ihn wahrscheinlich auf mindestens fünf verschiedene Arten erklären. Nichts, wozu die
meisten Lehrer*innen – zumindest die, die ich bisher kennenlernen durfte – nicht in der Lage wären. In der Regelschule fehlt dazu aber üblicherweise die Zeit. Aus diesem Grunde sind – gerade in den ersten Schuljahren – häufig die Eltern gefordert, ihren Sprösslingen den Einstieg
und das Mitkommen im Mathematikunterricht zu ermöglichen bzw. sie
darin zu unterstützen.

Es ist wichtig und entscheidend, darauf zu achten, dass solch ein Lernprozess mit Freude und so weit wie möglich in Selbstbestimmtheit stattfinden kann. Und dabei können neben den Lehrer*innen im Unterricht
vor allem die Eltern in den ersten Schuljahren ihrer Kinder einen wesentlichen Beitrag leisten. Kinder, die gefordert, aber nicht überfordert, die
liebevoll, aber nicht eingeengt, begleitet, aber nicht ausspioniert und die
behütet, aber nicht eingesperrt aufwachsen dürfen, habe gute Voraus-

setzungen, auch im Mathematikunterricht in der Schule (ausreichend) gut mitzukommen. Bekommt das Kind von seinen Eltern und von seinen Lehrer*innen das Gefühl vermittelt, dass es in der Lage ist, die unterrichteten Inhalte zu verstehen und zu erfassen, so wird auch das Kind daran glauben. Merken Schüler*innen, dass ihr Umfeld in sie und ihre Fähigkeiten vertrauen, gelingt es auch ihnen viel leichter, eine besonders wichtige Eigenschaft für erfolgreiches Lernen zu entwickeln. Diese Eigenschaft heißt Vertrauen.

Thema Vertrauen – Mathematik als nichtempirische Wissenschaft braucht Vertrauen

Wie du bereits weiter oben gelesen hast, ist die exakte Zuordnung von Mathematik zu einem der Wissenschaftsbereiche (Naturwissenschaften, Geisteswissenschaften usw.) gar nicht möglich. Was an sich überraschend ist, da Mathematik selber als eine der exaktesten Wissenschaften gilt – wenn nicht sogar als DIE exakteste Wissenschaft von allen. Im Großen und Ganzen sind sich mathematisch interessierte und begeisterte Köpfe heutzutage zumindest so weit einig, dass Mathematik zu den nichtempirischen Wissenschaften gehört.

Was das bedeutet? Das möchte ich dir hier kurz erklären: Empirisch bedeutet so viel wie auf Erfahrung beruhend. Unter einer empirischen Wissenschaft versteht man also eine Wissenschaft, deren Erkenntnisse auf den Erfahrungen beruhen, die Wissenschaftler*innen beim Forschen auf diesem Gebiet gemacht haben. Sehr häufig passiert das mit Experimenten oder mit (Natur-)Beobachtungen. Als Musterschülerinnen der empirischen Wissenschaften gelten Biologie, Chemie, Geografie und Physik. Dort beruht so gut wie alles (was zumindest den Schulstoff betrifft) auf Beobachtung und Experimenten.

Im Gegensatz dazu haben nichtempirische Wissenschaften – wie eben die Mathematik – keine oder nur teilweise durch Erfahrung begründete

Inhalte und Erkenntnisse. Das heißt, dass es dort viel Wissen gibt, das nicht durch Beobachtung unserer Umwelt, sondern z. B. durch logisches Denken und Schlussfolgern als wahr und richtig entdeckt und erkannt wurde. Gerade die Mathematik lebt von vielen Gesetzen und Regeln, die auf rein logischen Überlegungen und Gedankenmodellen beruhen. Natürlich gibt es auch in der Mathematik Wissen, das empirisch erfasst werden kann – und von vielen Schüler*innen auch so erfasst wird. Doch je weiter die Schulkarriere fortschreitet, umso mehr nichtempirisches Wissen wird unterrichtet und umso mehr ist logisches und theoretisches Denken gefragt.

Doch was hat das Ganze nun mit dem Thema Vertrauen zu tun (die aufmerksamen Leser*innen erinnern sich vielleicht noch an die Überschrift)? Warum ist Vertrauen für Mathematik wichtig? Nun, um diese Frage zu beantworten, möchte ich dir gerne etwas darüber erzählen, wie wir Menschen – zumindest die meisten von uns – lernen.

Heute geht man davon aus, dass wir ab dem Moment, ab dem wir auf diesem Planeten leben, lernen. Ja, manche Wissenschaftler*innen sind sogar davon überzeugt, dass wir bereits als ungeborene Wesen im Bauch unserer Mutter zu lernen beginnen – natürlich abhängig davon, was genau unter Lernen verstanden wird.

Wenn ich hier vom »Lernen« schreibe, dann meine ich damit den Erwerb von Wissen oder Fähigkeiten. Damit beginnen wir bereits sehr früh in unserem Leben. Wir lernen, uns auf bestimmte Art und Weise zu bewegen (drehen, krabbeln, rollen, gehen, laufen usw.), wir lernen zu sprechen (angefangen damit, dass wir erste Laute und Silben von uns geben, bis hin zum bewussten Aneinanderreihen von Worten, um unsere Bedürfnisse und Empfindungen auszudrücken) und wir lernen den Umgang mit den unterschiedlichsten Werkzeugen (wie z. B. den Gebrauch von Löffel, Gabel und Messer) und noch eine ganze Menge anderer Dinge. Meistens erinnern wir uns nicht mehr daran, wie wir all diese Fähigkeiten und unser ganzes Wissen erworben haben. Doch folgt das Lernen zu Beginn unseres Lebens so gut wie immer demselben Muster:

BEOBACHTEN – NACHMACHEN – ÜBEN – KÖNNEN

Dieses Verhaltens- oder besser gesagt Lernmuster scheint uns angeboren zu sein. Es scheint die natürliche Art des Lernens für uns Menschen zu sein.

Doch wieso lernen wir überhaupt? Vielleicht hast du dir diese Frage auch schon mal gestellt. Was genau bringt uns dazu, uns immer wieder neue Fähigkeiten anzueignen, eine neue Sprache zu lernen oder neugierig zu bleiben, obwohl wir vielleicht schon sehr viel wissen? Mit dieser Frage beschäftigen sich sehr viele Menschen, und einige haben darauf auch schon teilweise sehr beachtliche Antworten gefunden.

Einer möglichen Antwort auf diese Frage bin ich in dem Buch »Glück kommt selten allein« von Dr. Eckart von Hirschhausen begegnet. In diesem Buch befasst sich der bekannte Neurowissenschaftler und Psychiater Dr. Manfred Spitzer in einem Gastkommentar mit genau dieser Frage. Dabei beginnt er mit der Erkenntnis, dass in unserem Gehirn das Areal für Lustempfinden identisch mit unserem Suchtzentrum ist. Da es seiner Vermutung nach von der Natur aus nicht geplant sein kann, dass wir Drogen zu uns nehmen, um dieses Zentrum zu stimulieren, müsse es für diesen Zusammenhang eine andere Erklärung geben. Und diese sieht er in den Neurotransmittern, Botenstoffe unseres Gehirns, die in diesem Areal produziert werden. Diese werden nämlich immer dann freigesetzt, wenn wir eine Erfahrung machen, die unsere Erwartungen übertrifft, die uns sozusagen positiv überrascht. Und dabei erleben wir – stimuliert durch diese opiumähnlichen Neurotransmitter, die Endorphine – dann Freude und Spaß. Erleben wir also Lernsituationen, in denen das Erlebte unsere Erwartungen übertrifft, so hat das nach Spitzer zur Folge, dass wir besser und lieber lernen.

Auch scheint ihm dieses Lust- und Suchtzentrum nicht dafür angelegt zu sein, dass es uns auf einer Dauerglückswelle surfen lässt. Vielmehr scheint laut Spitzer der Zweck dieses Hirnareals darin zu bestehen, dass wir ständig nach diesem Gefühl streben – was einen großen Unterschied darstellt.

So, wie ich den Text von Dr. Spitzer verstehe, lernen wir demnach, weil es ein gutes Gefühl in unserem Kopf und auch im restlichen Körper erzeugt. Wir sind offensichtlich von Natur aus so gebaut, dass uns Lernen

Freude macht. Vielleicht wurde unser Gehirn ja sogar so konstruiert, dass wir nach Lernen süchtig werden (im positiven Sinne)?

Dabei spielt es aber eine entscheidende Rolle, von wem wir lernen. In den ersten Jahren unseres Lebens wachsen wir – im besten Falle – in der Gesellschaft von Menschen auf, die uns lieben, die für uns sorgen und die für uns da sind. Wir bekommen Aufmerksamkeit, Zuwendung, wir werden beachtet, gesehen und – und das ist für unsere Entwicklung wahrscheinlich das Wichtigste – wir werden geliebt. Kurz gesagt, wir wachsen in einem Umfeld auf, in dem wir uns wohlfühlen und dem wir vertrauen. Wenn wir älter werden, haben wir mit immer mehr Menschen zu tun und kommen immer öfter in Kontakt mit Unbekannten. Trotzdem werden wir auch noch in diesem Alter vor allem die uns bekannten und vertrauten Menschen kopieren und nachmachen, also von ihnen lernen. Und im Alter von sechs Jahren kommen die meisten von uns dann in die Schule, wo wir – vielleicht mit Ausnahme von ein paar wenigen Schulen – in relativ kurzer Zeit eine völlig neue Art des Lernens vorgesetzt bekommen: Ein anderer, uns meistens unbekannter Mensch sagt uns, was wir wann, wo, wie und auch noch mit wem oder mit wem nicht tun sollen. Dabei ist diese neue Lernmethode auch noch zeitlich begrenzt. Und zwar nicht von unserem persönlichen Bedürfnis, wie lange wir uns mit etwas beschäftigen wollen, sondern von der Uhr (die wir in diesem Alter meist noch nicht wirklich verstehen). Wir erleben mit dem Schuleintritt also nicht selten einen völligen Wandel der Art, wie Lernen funktioniert – oder plötzlich funktionieren soll. Und das Beste (oder eher das Schlimmste) daran: Es wird von uns erwartet, dass wir bitte schön auch sofort damit anfangen, auf diese neue Art zu lernen. Nicht selten löst diese Situation in den jungen Schüler*innen Überforderung, Stress, Unsicherheit und Selbstzweifel aus. Damit ist der Weg zu einer traumatisierenden Schulerfahrung nicht mehr weit.

Als frischgebackene Schulanfänger*innen ist uns das natürlich nicht bewusst – und den meisten Menschen in unserem Umfeld auch nicht. Nicht einmal dann, wenn sie selbst schon die Schulzeit hinter sich gebracht und vielleicht sogar ganz ähnliche Erfahrungen wie wir gemacht haben. In dieser Phase unseres Lebens werden wir mit einer völlig neuen und unerwarteten Lernherausforderung konfrontiert. Einer Lernmethode, die nicht unserem natürlichen Lernverhalten bzw. Lernmuster entspricht. Wie bereits erwähnt, entspricht unser angeborenes Lernverhalten dem Beobachten, Nachmachen und Üben (und bei ausreichendem Üben und Interesse irgendwann auch Können) vom Verhalten uns vertrauter Menschen. Vertrauen in unsere »Lehrer*innen« (im weitesten Sinne) ist also eine wichtige Voraussetzung für erfolgreiches Lernen.

Wenn wir also in die Schule kommen, ist es von entscheidendem Vorteil, wenn es uns möglich ist, unseren Lehrer*innen – Menschen, dir wir davor meist noch nicht kennen – zu vertrauen. Dies ist wichtig für unsere persönliche Entwicklung und unser Selbstvertrauen, genauso wie für eine bestmögliche Lernatmosphäre.

Neben der neuen Lernsituation – weg vom freien und selbstbestimmten Beobachten, Nachmachen und Üben hin zu von außen vorgegebenen Inhalten und Rahmenbedingungen – spielt beim Thema Mathematik noch ein zweiter Faktor eine wesentliche Rolle. Denn die neue Lernsituation ist ja für alle Schulfächer die gleiche. So müsste es – theoretisch zumindest – auch in allen anderen Fächern zu ähnlichen Problemen und Schwierigkeiten wie im Fach Mathematik kommen. Das tut es aber nicht. Nicht einmal annähernd. Was macht das Unterrichtsfach Mathematik so anders als die anderen Schulfächer?

Wie wir schon kurz betrachtet haben, zählt Mathematik zu den nichtempirischen Wissenschaften. Als solche wird sie mit all ihren Ideen, Konzepten, Regeln und Gesetzmäßigkeiten von uns nur sehr selten – wenn überhaupt – bewusst wahrgenommen. Das heißt, wenn wir in unserem Alltag mit Mathematik zu tun haben, dann bemerken wir es nicht wirklich. Natürlich beginnen wir irgendwann zu zählen und lernen meist gemeinsam mit den Buchstaben auch die unterschiedlichen Ziffern kennen und diese zu benennen. Wir können dann Zahlen lesen und vielleicht auch schon schreiben. Doch das ist für uns kaum etwas anderes als das Lesen und Schreiben von Buchstaben.

Lesen und Schreiben kennen wir durch Beobachtungen auch aus unserem Alltag. Vor allem das Lesen ist bei vielen Kindern mit positiven Assoziationen verknüpft, nämlich mit dem Vorlesen von Geschichten. Außerdem beobachten wir z. B., wie unsere Bezugspersonen täglich lesen und schreiben. Diese Tätigkeiten werden uns somit vertraut. Doch Mathematik spielt in unserem Alltag keine so offensichtliche Rolle. Auch beobachten wir so gut wie nie eine Vertrauensperson bei einer mathematischen Tätigkeit. In dieser Wissenschaft sind also die natürlichen Lernmöglichkeiten nur sehr eingeschränkt vorhanden. Kopfrechnen findet fast immer im Stillen statt und wird daher von uns nicht beobachtet. Auch sprechen Erwachsene so gut wie nie über mathematische Gesetzmäßigkeiten und Zusammenhänge. Alleine beim Geld und bei der Uhrzeit haben wir direkten und fast täglichen Kontakt mit Zahlen und dem Umgang damit.

Wir starten also mit wenig bewussten mathematischen Erfahrungen in die Schule. Da uns das dort angewandte Lernsystem nicht vertraut ist und wir uns erst damit anfreunden bzw. daran gewöhnen müssen, stellt gerade das Fach Mathematik daher häufig eine große Herausforderung dar. Die beste Unterstützung, die wir in dieser Situation bekommen können – so wir nicht in der glücklichen Lage sind, ein Mathematikgenie zu sein –, ist, Lehrer*innen zu haben, zu denen wir eine Vertrauensbasis aufbauen können. Des Weiteren ist es genauso wichtig, dass auch unsere Lehrer*innen und unsere Eltern in unsere schulischen Fähigkeiten im Allgemeinen und in unser mathematisches Können im Besonderen Vertrauen haben. Warum das so ist, schauen wir uns im nächsten Kapitel genauer an.

Aus all den oben erwähnten Gründen ist es also kein Wunder, dass Kinder und Jugendliche während ihrer Schulzeit in Mathematik Schwierigkeiten haben. Tatsächlich beziehen sich die Probleme mit Mathematik bei fast allen Menschen ausschließlich auf deren Schulzeit. Ist die erst einmal abgeschlossen, so beschränkt sich bei den meisten der bewusste und direkte Kontakt mit Mathematik auf einfaches Kopfrechnen, den Umgang mit Geld und die Uhrzeit.

Hast oder hattest du in der Schule also Schwierigkeiten mit dem Fach Mathematik, so kann ich dir hier mit Gewissheit sagen: Du bist nicht zu doof dafür. Du hast nur nicht die richtigen Erklärungen bekommen, damit du Mathematik verstehen kannst. Und du konntest vielleicht nicht genug Vertrauen in deine Mathematiklehrer*innen aufbauen. Du bist völlig in Ordnung, so wie du bist. Wenn du deine Schulzeit bereits erfolgreich hinter dich gebracht hast, ist das der beste Beweis dafür. Solltest du noch zur Schule gehen, hast du es bereits bis in dein aktuelles Schuljahr geschafft. Du hast schon sehr viele Herausforderungen gemeistert. Du bist also sehr gut darin, dich mit schwierigen Situationen auseinanderzusetzen und diese auch positiv zu bewältigen. Es steht also völlig außer Frage, dass du auch deine restliche Schulzeit mit Erfolg abschließen wirst, ganz egal, ob du Matura bzw. Abitur machen möchtest oder nicht. Das ist sicher. Und: Es wird dich, nachdem du in die Ausbildung oder das Studium fortgeschritten bist, in deinem ganzen Leben nie jemand fragen, welche Noten du in deinem Schulzeugnis hattest. Mit einer Ausnahme vielleicht: deine Kinder. Die werden dich das während ihrer Schulzeit ganz bestimmt einmal fragen. Und das Gute daran: Sollten deine Kinder Schwierigkeiten in der Schule haben, dann wird es dir ab sofort und nach der Lektüre dieses Buches noch leichter fallen, sie zu verstehen und für sie da zu sein.

Lass uns das eben Gelesene noch einmal kurz und knackig zusammenfassen.

- Vor Schuleintritt lernen wir nach dem uns Menschen scheinbar von Natur aus angeborenen System: Beobachten – Nachmachen – Üben – Können.
- Die Konfrontation mit dem neuen Lernsystem der Schule stellt an sich schon eine große Herausforderung dar.
- Anders als Lesen und Schreiben erleben wir Rechnen bzw. allgemein Mathematik im Alltag so gut wie nie bewusst. Dadurch verfügen wir auf diesem Gebiet über kaum natürlichen Lernerfahrungen. Einen Bezug zum Alltag herzustellen fällt somit wesentlich schwerer.
- Mathematik zählt zu den nichtempirischen Wissenschaften. Ihre Ideen, Konzepte und Gesetzmäßigkeiten beruhen nicht auf direkten Beobachtungen, sondern meist auf theoretischen Überlegungen, logischen Vereinfachungen und Gedankenmodellen.

- Das Prinzip Beobachten – Nachmachen – Übern – Können funktioniert für uns vor allem mit Personen, denen wir vertrauen können. Somit spielt Vertrauen eine wichtige Rolle beim Lernen.
- Probleme mit Mathematik in der Schule sagen nichts über deine (geistigen) Fähigkeiten aus.
- Schwierigkeiten mit Mathematik in der Schule werden vorbeigehen.
- Solltest du einmal Kinder haben, die vor ähnlichen Herausforderungen stehen, wirst du sie nach dem Lesen dieses Buches sehr gut verstehen und dadurch besser unterstützen können.

Hier noch ein paar Antworten auf Fragen, die mir zu diesem Thema immer wieder gestellt werden und die vielleicht auch dir weiterhelfen werden.

Wie genau kann ich Vertrauen aufbauen und fördern?

Vertrauen ist etwas, das sich mit der Zeit entwickelt und nicht von alleine entsteht bzw. sofort da ist. Ob du jemandem vertraust oder ob jemand dir vertraut, ist keine Entscheidung. Vertrauen entsteht im Grunde immer dann, wenn das, was wir sagen, und das, was wir tun, zusammenpassen. Eine Möglichkeit, für dich herauszufinden, wie du Vertrauen aufbauen und fördern kannst, bietet die bewusste Auseinandersetzung mit folgender Frage:

Was genau brauche ich, damit ich jemandem vertrauen kann?

Die Antworten, die du auf diese Frage findest, stimmen meistens auch für die Menschen in deiner Umgebung. Möchtest du, dass dir jemand vertraut, achte darauf, dass du so handelst und dich so verhältst, wie du es gesagt hast. Sei anderen gegenüber ehrlich und stehe zu dem, was du sagst und denkst. Halte dich an Abmachungen und Versprechen bzw. Zusagen, die du gemacht hast. Das betrifft nicht nur dein Verhalten im Rahmen der Schule, sondern im Grunde in allen Bereichen deines Lebens.

Was mache ich, wenn ich Lehrer*innen habe, zu denen kein Vertrauen möglich ist?

Im Laufe einer Schulkarriere haben wir es meistens mit so vielen unterschiedlichen Lehrer*innen zu tun, dass die Wahrscheinlichkeit durchaus groß ist, dass die eine oder der andere darunter ist, zu denen wir beim besten Willen kein Vertrauen aufbauen können. So etwas kann nerven, bringt aber auch eine prima Lernmöglichkeit mit. Du lernst, damit zurechtzukommen, für dich alleine verantwortlich zu sein, selber aktiv zu werden und für dich nach Lösungen zu suchen. Ein guter Ansatz ist es, dich mit deinen Klassenkameraden und -kameradinnen, Eltern oder anderen Lehrer*innen darüber auszutauschen bzw. bei ihnen nach Rat zu fragen. Achte darüber hinaus in deinem Verhalten Lehrer*innen gegenüber, denen du nicht vertrauen kannst, dass du – soweit es für dich möglich ist – dich so verhältst, dass sie dir vertrauen können. Leiste also von deiner Seite her deinen Beitrag, dass diese Lehrer*innen dir vertrauen können.

Kann ich auch Mathematik lernen, ohne zu vertrauen? Wenn ja, wie?
Die Antwort auf diese Frage ist ein klares Ja. Und das ist auch gut und wichtig so. Ansonsten wären alle Schüler*innen mit Lehrer*innen, denen sie nicht vertrauen können, richtig arme Schweine. Eine vertrauensvolle Beziehung zu deinen (Mathematik-)Lehrer*innen ist gerade in den ersten Schuljahren von enormem Vorteil. Doch sie ist kein absolutes Muss. Gibt es zwischen dir und deinen Lehrer*innen keine Vertrauensbasis, finde für dich Personen, denen du vertrauen kannst, und bitte sie, dich in deinem Lernprozess zu unterstützen. Damit ist nicht zwangsläufig klassische Nachhilfe gemeint. Passende Personen können z. B. deine Eltern, ältere Geschwister, Verwandte oder auch deine Freund*innen sein. Im Grunde geht es darum, dass du bei Personen, denen du vertraust, nachfragen und dir Sicherheit bzw. Gewissheit holen kannst. Eine Erklärung von einer Person, der wir vertrauen, ist für die meisten von uns wesentlich leichter und einfacher zu verstehen. Somit kann es schon ausreichen, wenn uns z. B. unsere Eltern einen Sachzusammenhang kurz erklären, den wir im Unterricht nicht verstanden haben. Je älter wir werden (und somit auch je weiter wir in der Schule vorankommen), umso weniger wichtig ist eine vertrauensvolle Beziehung zu unseren Lehrer*innen für unseren Lernerfolg. Natürlich ist Vertrauen zwischen Lehrer*innen und Schüler*innen immer ein Vorteil beim Lernen. Je älter (und damit reifer und

selbstbewusster) wir aber werden, umso leichter schaffen wir es auch ohne dieses Vertrauen.

Thema Beziehung – Mathematik als Beziehungsfach

Wie wir im vorherigen Abschnitt gesehen haben, spielt Vertrauen beim Lernen im Allgemeinen und beim Fach Mathematik im Besonderen eine wichtige und manchmal entscheidende Rolle. Kommen wir nun zu zwei Themen, die sowohl in Bezug auf das Lernen als auch auf das Bilden von Vertrauen eine bedeutende Grundlage darstellen: Beziehung und innere Haltung.

Jede bzw. jeder von uns kennt das: Es gibt Menschen, die uns auf Anhieb sympathisch sind, mit denen wir uns gut verstehen und bei denen wir uns wohl und sicher fühlen. Und es gibt Menschen, bei denen es uns genau umgekehrt geht. Wir fühlen uns unwohl und unsicher in ihrer Gegenwart, und ohne einen genauen Grund dafür benennen zu können, meiden wir die Gesellschaft dieser Menschen. Sie sind uns unsympathisch. Sehr oft geht es uns auch während unserer Schulzeit so. Es gibt Lehrer*innen, die uns sympathisch sind, mit denen wir gut »können«. Und es gibt das genaue Gegenteil dazu: Lehrer*innen, mit denen wir – ohne wirklich zu wissen, warum – auf keinen grünen Zweig kommen. Und das Interessante daran: In den meisten Fällen liegt es nicht am Schulfach, das diese Lehrer*innen unterrichten. Tatsächlich ist es sogar oft umgekehrt. Nicht selten mögen wir einen Gegenstand oder finden einen Unterricht gut und interessant, weil wir die Lehrperson, die wir in diesem Fach haben, einfach mögen oder sympathisch finden. Doch woran liegt das? Und welche Rolle spielt das in Bezug auf das Schulfach Mathematik?

Zuerst einmal fällt es uns viel leichter, offen, aufmerksam und entspannt zu sein, wenn wir uns in unserer Umgebung wohl und sicher fühlen. Und eine aufmerksame, entspannte und offene Haltung erleichtert Lernen um ein Vielfaches. So können wir konzentrierter bleiben, haben mehr Ausdauer, und es fällt uns auch leichter, aktiv und forschend an einem Thema dranzubleiben, oder – im Fall der Schule – am Unterricht teilzunehmen. Wir verbrauchen keine Energie, um unsere Umgebung nach etwaigen Gefahren zu scannen, und können uns voll unserer (Lern-) Aufgabe widmen. Um in diesen positiven und für den Lernerfolg förderlichen Zustand zu gelangen und ihn zu bewahren, spielen die innere Haltung von Schüler*innen, Lehrer*innen und Eltern und die Beziehungen zwischen diesen eine sehr wichtige Rolle.

Starten wir mit den Beziehungen. Wenn wir von Beziehung sprechen, spielen – je nachdem, wer an der Beziehung beteiligt ist – unterschiedliche Aspekte eine Rolle. Geht es um die Lehrer*innen-Schüler*innen-Beziehung, um die Lehrer*innen-Eltern-Beziehung oder um die Beziehung zwischen den Schüler*innen und ihren Eltern? In diesem Abschnitt gehe ich auf die Gemeinsamkeiten ein, die auf alle dieser »Zweierbeziehungen« zutreffen. So finden sie alle auf zwei unterschiedlichen Beziehungsebenen gleichzeitig und parallel statt. Diese beiden Ebenen lassen sich sehr gut mit einem Eisbergmodell darstellen und erklären. An dieser Stelle sei kurz erwähnt, dass der Eisberg als Modell in den unterschiedlichsten Bereichen zu Anwendung kommt. So ist es durchaus möglich, dass du bereits das ein oder andere Eisbergmodell kennengelernt hast.

Die Beziehungsebenen anhand des Eisbergmodells

Wie ein Eiswürfel schwimmt der Eisberg im Wasser an der Oberfläche. Dabei ist der mit Abstand größere Teil des Eisbergs unter Wasser und somit unsichtbar. Nur ein vergleichsweise kleiner Teil ist zu sehen. Je nach Literatur findet man für das Verhältnis von sichtbarem zu unsichtbarem Teil des Eisberges Angaben von 1:5 bis 1:8. Für uns spielen die exakten Werte keine vorrangige Rolle, wichtig ist nur die Tatsache, dass der sichtbare Teil des Eisberges wesentlich kleiner als der unsichtbare Teil ist. Genauso verfügt auch jede Beziehung (egal, ob es sich um eine professionelle Arbeitsbeziehung oder um eine private Beziehung handelt) über zwei unterschiedlich stark ausgeprägte Teile bzw. Ebenen. Beim »Beziehungs-Eisberg« macht der obere, sichtbare Teil ca. 20 % der Beziehung aus, der untere, unsichtbare Teil bildet die restlichen 80 %.

Die sichtbaren 20 % stehen dabei für die Sachebene einer Beziehung. Dort geht es um Inhalte, Zahlen, Daten und Fakten. In Beziehungen ist diese Ebene meistens klar, offen und für alle Beteiligten bekannt. Die unsichtbaren 80 % des Eisberges stehen in diesem Modell für die Beziehungsebene. Dort geht es um unsere Werte, Wünsche, Bedürfnisse, Erwartungen, Ängste, Hoffnungen usw. In sehr vielen Beziehungen sind die Inhalte der Beziehungsebene nur den jeweiligen »Besitzer*innen« bewusst – wenn überhaupt. Meistens wird über diese Inhalte nicht geredet, es gibt kein »gemeinsames Bild« von diesem unteren Teil des Eisberges. Die Größe der beiden Eisbergteile (20 % bzw. 80 %) spiegeln in diesem Modell den Einfluss der beiden Ebenen auf die Qualität einer Beziehung wider. Grundsätzlich gilt, dass die meisten Menschen eine Beziehung als positiv, erfüllend bzw. gut erleben, wenn es vor allem auf der Beziehungsebene »passt«. Doch was ist dafür notwendig? Sicherlich können – oder auch wollen – wir nicht mit jeder Person, mit der wir in Beziehung treten, über unsere untere Eisberghälfte offen und direkt reden.

Vereinfacht ausgedrückt, geht es um die innere Haltung zueinander bzw. darum, wie ich mein Gegenüber sehe und wahrnehme. Auf der Sachebene ist für eine als erfüllend und positiv wahrgenommene Beziehung eine Hierarchie von Vorteil. Auf der Beziehungsebene ist das genaue Gegenteil der Fall. Dort ist es wichtig, sich ohne Hierarchie zu begegnen. Betrachten wir das Ganze nun in Bezug auf die Schule und das Unterrichtsfach Mathematik.

Das Beziehungs-Eisbergmodell in Hinblick auf den Schulalltag

In Bezug auf die Schule beinhaltet die Sachebene den gesamten Lernstoff und das ganze Wissen, das von den Lehrer*innen an die Schüler*innen vermittelt werden soll. Der untere, unsichtbare Teil des Eisbergs steht für die Beziehungsebene. Auf dieser Ebene geht es, wie schon erwähnt, um Gefühle, Bedürfnisse, Emotionen und alle versteckten bzw. unbewussten Belange, die in einer Beziehung eine Rolle spielen. Betrachtet man diese

Ebene vor dem Hintergrund Schule, so geht es dort sehr oft um Ängste, Hoffnungen, Anerkennung, Sorgen, Rollenbilder und Respekt.

Es fällt uns leicht, auf die Sachebene einzugehen und dort zu interagieren. Denn sie ist sichtbar, über sie wird gesprochen. Sie ist – auf den ersten Blick – meistens relativ offensichtlich. In einer Lehrer*innen-Schüler*innen-Beziehung sind die Rollen auf der Sachebene klar verteilt. Die Lehrer*innen haben die Rolle der Wissenden und der Experten, die ihr Wissen und ihre Erfahrungen an die Schüler*innen weitergeben. Die Schüler*innen dagegen sind in der Rolle der Unwissenden und der Unerfahrenen, denn sie sind jünger und haben sich mit den Inhalten, die in der Schule vermittelt werden, noch nicht auseinandergesetzt. Auf der Sachebene herrscht also eine klare Hierarchie, es gibt ein Machtgefälle. Was dir beim Lesen auf den ersten Blick eigenartig oder vielleicht sogar negativ vorkommt, ist tatsächlich eine notwendige und wichtige Voraussetzung für eine gute, erfolgreiche und positive Beziehung auf der Sachebene (nicht nur in Schulen). Dort ist es in der Tat wichtig, dass es eine Hierarchie gibt. Denn dort soll ja (im Falle der Schule) eine Wissensvermittlung und eine Weitergabe von Informationen und Lösungsansätzen stattfinden. Man stelle sich nur vor, wie langweilig – und obendrein auch noch unbefriedigend und unnötig – eine Lehrer*innen-Schüler*innen-Beziehung wäre, in der die Lehrer*innen nicht über mehr Wissen oder Erfahrung als die Schüler*innen verfügen würden. In so einem Unterricht wäre die Konzentration und Aufmerksamkeit aller Schüler*innen schnell dahin und die Lehrperson würde im besten Fall einen Monolog führen.

Da uns die Sachebene in Beziehungen bewusst ist, wird dort sehr viel Aufmerksamkeit und Energie investiert. Am Beispiel Schule bedeutet es, dass zukünftige Lehrer*innen sich auf den Unis sehr viel Fachwissen und Inhalte aneignen, um dann später im Berufsalltag über eine scheinbar unerschöpfliche Wissensquelle zu verfügen. Aus der wird dann Jahr für Jahr mehr oder wenig großzügig an die Schüler*innen Wissen verteilt, das diese dann lernen, verstehen und im Idealfall auch behalten. Du wirst in den DACH-Ländern und wahrscheinlich auf der ganzen Welt nicht einen einzigen Menschen, der als Lehrer*in arbeitet, finden, der nicht ein (Wissens-)Experte auf seinem Fachgebiet ist. Und diese Aussage meine ich nicht etwa sarkastisch, ich habe die Erfahrung gemacht, dass dem tatsächlich so ist. Und das ist so auch gut und wichtig. Für die Beziehung auf der Sachebene.

Doch werfen wir nun einen Blick auf die zweite Ebene, die Beziehungsebene. Diese ist, wie beim Eisberg der Teil unter Wasser, meistens unsichtbar. Das heißt, über Gefühle, Bedürfnisse, Ängste, Hoffnungen und Träume wird so gut wie nicht gesprochen, sie sind – wenn überhaupt – nur ihren »Besitzer*innen« bekannt. Doch sie spielen eine wesentliche Rolle dafür, wie wir uns zu einander verhalten. Ist es für die Sachebene wichtig und förderlich, dass es eine Hierarchie, ein Machtgefälle im positiven Sinne gibt, so sieht die Situation auf der Beziehungsebene deutlich anders aus. Hier ist es nämlich wichtig für eine gute, positive und erfolgreiche Beziehung, dass sich alle Beteiligten auf einer Ebene begegnen. Auf der Beziehungsebene sind wir alle gleich. Natürlich haben Lehrer*innen andere Ängste, Sorgen, Hoffnungen und Wünsche als Schüler*innen. Dennoch ist es – vor allem für eine positive Beziehung – wichtig zu verstehen, dass wir auf dieser Ebene gleich sind. Für eine erfolgreiche und positive Beziehung zwischen zwei Menschen bedarf es auf der Beziehungsebene also des Bewusstseins der Gleichwertigkeit. Im Idealfall treffen sich zwei Menschen hier auf Augenhöhe. Eine derartige Begegnung schafft Vertrauen und gibt Sicherheit. Dadurch ist in Folge mehr Offenheit und letztlich auch Klarheit möglich. Gibt es in einer Beziehung auf der Sachebene eine klare und förderliche Hierarchie und herrscht auf der Beziehungsebene Bewusstsein über die Gleichwertigkeit, sind das die idealen Voraussetzungen für ein positives und erfolgreiches Miteinander – optimale Bedingungen, um in der Schule den Wissenstransfer zu ermöglichen. Das Bewusstsein um die Gleichwertigkeit auf der Beziehungsebene schafft das nötige Vertrauen zueinander, den Mut zur Offenheit, und es gibt die Sicherheit, dass ich so, wie ich bin, okay und gut bin. Dadurch stehen meine Energie und Aufmerksamkeit für den eigentlichen Lernprozess zur Verfügung und werden nicht etwa dafür genutzt, einer bestimmten Erwartungshaltung entsprechen zu müssen. Die Hierarchie auf der Sachebene sorgt dafür, dass der Lernprozess interessant, spannend und im Idealfall herausfordernd bleibt, ohne dabei zu überfordern. So können Lehrer*innen genau das Maß an Input liefern bzw. zur Verfügung stellen, das notwendig ist, um ihre Schüler*innen im Rahmen ihrer Möglichkeiten zu motivieren, zu begeistern und in ihrer Entwicklung zu fördern.

Schauen wir uns nun das zweite Thema an, die innere Haltung. Wenn ich von innerer Haltung spreche, meine ich damit unsere Ansichten und individuellen Einstellungen zu bestimmten Aspekten rund um das Thema Mathematik und Schule. Die meisten von uns haben irgendwann in ihrem Leben gehört (und das wahrscheinlich nicht nur einmal), dass es von Vorteil ist, mit einer offenen, wertschätzenden und positiven inneren Haltung in die Welt hinauszugehen und zu leben. Doch haben wir auch erlebt und beobachtet, wie viele Menschen mit einer verschlossenen, egoistischen und misstrauischen Einstellung gegenüber allem um sie herum durchs Leben marschieren. Wenn wir selber schon einmal (emotional oder physisch) verletzt worden sind, wissen wir, wie weh das tut und wie gerne wir uns vor so einem neuerlichen Schmerz schützen wollen. Und das scheint uns mit einer verschlossenen und misstrauischen inneren Haltung wesentlich leichter möglich zu sein. Außerdem lernen wir ja bekanntlich nicht durchs Zuhören, sondern durchs Beobachten und Nachmachen. Was kann also eine offene, wertschätzenden und positive, ja, eine optimistische innere Haltung für einen Nutzen haben?

Die Bedeutung der inneren Haltung gerade für den Bereich Schule haben die beiden Wissenschaftler Leonore Jacobson und Robert Rosenthal mit einem interessanten Experiment unter Beweis gestellt. Mitte der 1960er-Jahre führten die beiden in den USA eine Feldstudie darüber durch, welchen Einfluss die innere Haltung bzw. die Meinung einer Lehrperson gegenüber ihren Schüler*innen auf deren Leistungen und Entwicklung hat. Dafür wählten sie eine Grundschule aus. Zu Beginn des Experiments wurde zum Schuljahresanfang mit allen Schüler*innen ein Test gemacht. Den Lehrer*innen wurde gesagt, dass dieser Test das Entwicklungspotenzial der Kinder ermittelt. Es solle festgestellt werden, bei welchen 20 % der Kinder im kommenden Schuljahr mit einem besonders großen Entwicklungsschritt zu rechnen sei. Tatsächlich handelte es sich bei dem Test um einen IQ-Test; die 20 % Kinder, die angeblich kurz vor einem Entwicklungsschub standen, wurden per Zufall ausgelost. Den Lehrer*innen wurde dann das »Testergebnis« mitgeteilt, und das Schuljahr nahm seinen Lauf. Am Ende des Unterrichtsjahres nahmen alle Schüler*innen noch einmal an einem IQ-Test teil. Dabei konnten Jacobson und Rosenthal feststellen, dass sich bei jenen Kindern, von denen die Lehrer*innen dachten, dass sie kurz vor einem Entwicklungsschub stünden, der IQ überdurchschnittlich verbessert hatte. Sie führten diese Verbesserung auf den sogenannten Pygmalion-Effekt zurück. Demnach wirkt sich die Einstellung bzw. innere Haltung einer Person gegenüber einer anderen auf die Entwicklung dieser anderen Person aus. Hält ein Mensch einen anderen für begabt und genial, verhält er sich diesem gegenüber auch so und fördert dadurch eine Entwicklung in diese Richtung. Das Gleiche gilt – und funktioniert – allerdings auch in die umgekehrte Richtung: Hat ein Mensch von einem anderen eine schlechte Meinung bzw. hält er ihn für unbegabt, dumm oder faul, wird sich dieser andere Mensch bei entsprechender Behandlung auch in diese Richtung entwickeln. Dieser Effekt ist z. B. zwischen Eltern und ihren Kindern, innerhalb von Freundschaften, unter Arbeitskolleg*innen oder eben zwischen Lehrer*innen und Schüler*innen besonders stark ausgeprägt zu beobachten – also bei Personen, die im Alltag häufig miteinander zu tun haben. Den Autofahrer an einer grünen Ampel, der sich beim Überqueren der Kreuzung so viel Zeit lässt, dass alle hinter ihm nicht mehr drüberkönnen, werden die vermutlich negativen Gedanken (»So ein Depp! Wo hat der denn seinen Führerschein her?« etc.) der hinter ihm Fahrenden nicht zu einem miesen Autofahrer werden lassen. Um mit meiner inneren Haltung bewussten oder unbewussten Einfluss auf andere zu nehmen, ist ein regelmäßiger Austausch notwendig. Die andere Person muss also – wenn manchmal auch nur unbewusst – mitbekommen, was ich von ihr denke.

Im Zusammenhang mit der Frage, welchen Nutzen eine offene und wertschätzende Haltung für uns haben kann, sei noch erwähnt, dass uns so eine Einstellung den Kontakt auf der Beziehungsebene erheblich erleichtert, denn es ist so deutlich einfacher, uns über unsere Gleichwertigkeit bewusst zu sein.

Da unsere innere Haltung wesentlich aus unseren Erfahrungen, Erlebnissen und Beobachtungen geformt und gebildet wird, ist sie so individuell wie jeder Mensch einzigartig ist. Deshalb gibt es auch nicht »die« richtige oder beste innere Haltung zum Thema Mathematik und Schule. Es wäre also relativ sinnfrei zu versuchen, eine innere Haltung zu finden oder gar zu formulieren, die dann alle Beteiligten (Lehrer*innen, Schüler*innen und Eltern) vorgesetzt bekommen und übernehmen sollen.

Darüber hinaus habe ich in meiner bisherigen beruflichen Tätigkeit immer wieder die Beobachtung und Erfahrung gemacht, dass es gewisse Aspekte in Bezug auf unsere Einstellung gibt, die für eine erfolgreiche und positive Schulzeit von Vorteil sind. Und diese Aspekte haben durchaus Allgemeingültigkeit. Da es natürlich eine Rolle spielt, in welcher Position ich am System Schule und dem Unterrichtsfach Mathematik teilnehme, will ich die förderlichen Aspekte aus der Sicht von drei unterschiedlichen Positionen betrachten: Aus der Sicht der Schüler*innen, aus der Sicht der Lehrer*innen und aus der Sicht der Eltern.

Innere Haltung aus der Sicht der Schüler*innen:

- Mathematik in der Schule ist, wie jeder andere Gegenstand, nur ein Unterrichtsfach.
- Eine Note für eine Arbeit, einen Test oder im Zeugnis ist immer eine Momentaufnahme davon, wie gut du in der Lage warst, dir einen bestimmten Stoff zu merken und ihn (meistens in einer Stresssituation) wiederzugeben. Eine Note sagt nie etwas über dich als Person oder deinen Charakter aus.
- In deinem Leben wird dich, nachdem du deine Berufsausbildung begonnen hast, niemand (vielleicht mit Ausnahme deiner eigenen Kinder) nach irgendeiner Schulnote im Zeugnis oder gar für einen Test oder eine Arbeit fragen.
- Wenn du dich auf Mathematik einlässt, wird dir das Fach leichter fallen, als du vielleicht vermutest.
- Es ist okay, wenn du in einem Fach dein Bestes gibst und trotzdem nur gerade so durchkommst.
- Lehrer*innen sind Menschen, die – genauso wie du – Sorgen, Ängste, Bedürfnisse, Hoffnungen und Wünsche haben.

- Lehrer*innen waren auch mal Schüler*innen und kennen deine Position besser, als du vielleicht denkst. (Auch, wenn sie es deiner Meinung nach nicht zeigen ;-))
- Hast du Schwierigkeiten in Mathematik, so kannst du hier – genauso wie in jedem anderen Fach, das dir nicht leichtfällt – sehr viel für dich und dein Leben lernen: Nämlich, mit Herausforderungen klarzukommen und sie zu überwinden. Und du baust das Vertrauen auf, dass jede Situation vorübergeht.

Innere Haltung aus der Sicht der Lehrer*innen:

- Mathematik in der Schule ist, wie jeder andere Gegenstand, nur ein Unterrichtsfach.
- Schüler*innen müssen deine persönliche Zuneigung und Begeisterung zu dem Fach nicht teilen.
- Schüler*innen sind Menschen, die – genauso wie du – Sorgen, Ängste, Bedürfnisse, Hoffnungen und Wünsche haben.
- Du warst selber einmal Schüler*in und kannst nachvollziehen, wie es deinen »Schützlingen« geht.
- Wenn du an jede Einzelne bzw. jeden Einzelnen deiner Schüler*innen glaubst – auch wenn sie oder er es dir manchmal nicht leichtmacht – gibst du ihnen die besten Bedingungen, dass sie auch an sich selber glauben und so ihr Potenzial erkennen und nutzen.
- Wenn deine Schüler*innen etwas nicht verstehen, liegt es wahrscheinlich daran, dass du noch nicht eine für sie verständliche Formulierung gefunden hast.
- Deine Schüler*innen müssen (zumindest bis zu einem bestimmten Alter) in die Schule gehen. Du machst das freiwillig (und vielleicht schon für lange Zeit). Danke für deine Geduld und Einsatzbereitschaft.

Innere Haltung aus der Sicht der Eltern:

- Mathematik in der Schule ist, wie jeder andere Gegenstand, nur ein Unterrichtsfach.

- Du warst selber einmal Schüler*in und kannst nachvollziehen, wie es deinen Kindern im Moment geht.
- Deine Kinder lernen sehr, sehr viel von dir. Du musst ihnen nicht auch noch Mathematik (oder irgendein anderes Schulfach) beibringen.
- Wie du aus deinem eigenen Leben vielleicht weißt, kannst du auch mit nur gerade noch positiven Noten in der Schule ein glückliches und erfülltes Leben führen.
- Wenn du an deine Kinder und ihre Fähigkeiten glaubst, unterstützt du sie mehr, als du vielleicht denkst.
- Deine Kinder haben vermutlich andere Pläne für ihr Leben als du. Das ist ganz normal und auch gut so.

Einen weiteren Blick auf die Bedeutung der inneren Haltung in einem etwas anderen Zusammenhang werden wir im nächsten Kapitel werfen, wenn es nämlich darum geht, wie du mit einem bereits erlebten oder gerade aktuellen Mathematik-Trauma umgehen und es so verarbeiten bzw. für dich nutzbar machen kannst.

Zusammenfassend lässt sich zum Thema Beziehung Folgendes sagen: Zwischenmenschliche Beziehungen finden immer auf der Sachebene (ca. 20 %) und der Beziehungsebene (ca. 80 %) statt. Zwischenmenschlicher Kontakt wird als positiv, förderlich und wertvoll erlebt, wenn sich die Beteiligten auf der Beziehungsebene ohne Hierarchie begegnen. Dafür ist das Bewusstsein über die Gleichwertigkeit der Betroffenen auf der Beziehungsebene wesentlich.

Folgende Fragen wurden – und werden mir immer wieder zu diesem Thema gestellt. Hier einige Antworten, die auch dir in deiner Situation weiterhelfen werden.

Was genau kann ich tun, um die Beziehung zu meinen Lehrer*innen zu verbessern?

Lehrer*innen sind – ob du es glaubst oder nicht – auch Menschen. Möchtest du deine Beziehung zu einer oder einem deiner Lehrer*innen verändern, so beobachte eure jetzige Situation: Wie sieht sie aus? Was genau möchtest du verändern? Lehrer*innen, so wie alle anderen Menschen auch, wollen Anerkennung und Wertschätzung für ihre Arbeit und ihren Einsatz. Die kannst du ihnen als Schüler*in am besten zukommen lassen, indem du in ihrem Unterricht aufpasst und mitarbeitest. Verhalte dich deinen Lehrer*innen gegenüber respektvoll und ehrlich. Wenn du anderer Meinung als sie bist, sprich das gerne an, achte dabei darauf, dass sie die Möglichkeit haben, deinen Standpunkt anzunehmen. Versuche nicht, dich bei deinen Lehrer*innen einzuschleimen bzw. spiele ihnen nichts vor. So etwas führt letzten Endes immer zu Enttäuschung und Problemen. Hast du einmal eine Hausaufgabe oder etwas anderes vergessen, sei ehrlich und stehe dazu. Auch du bist nur ein Mensch und du darfst Fehler machen. Gerätst du leicht in Streit mit einer oder einem deiner Lehrer*innen, versuche Situationen zu vermeiden, in denen so etwas üblicherweise passiert. Bitte deine Klassenkamerad*innen, dich im Umgang mit solchen Lehrer*innen zu unterstützen.

Was genau kann ich tun, um die Beziehung zu meinen Schüler*innen zu verbessern?

Das vielleicht Wichtigste im Umgang mit Schüler*innen ist es, eine ehrliche und wertschätzende Beziehung zu ihnen aufzubauen. Achte darauf, dass du ihnen auf der Beziehungsebene auf Augenhöhe begegnest. Du bist die bzw. der Lehrer*in und auf der Sachebene stehst du über deinen Schüler*innen. Auf der menschlichen, der Beziehungsebene, seid ihr gleichwertig. Behandle deine Schüler*innen mit dem Respekt und der Wertschätzung, die du – zu Recht – auch von ihnen erwartest bzw. möchtest. Achte darüber hinaus darauf, dass eure Beziehung immer professionell bleibt. Du bist Lehrer*in. Du bist nicht Freund*in, Elternteil oder sonst etwas für deine Schüler*innen. Schaffst du es hier, klar und offen das Wesen eurer Beziehung zu zeigen, so bekommen deine Schüler*innen dadurch Sicherheit. Sorge dafür, dass das, was du sagst, auch mit dem, was du tust, übereinstimmt. Das bedeutet auch, dass du in deinen Handlungen konsequent sein musst. Wenn du deinen Schüler*innen etwas versprichst bzw. sie zu etwas aufforderst, halte dich auch daran. Mache keine Drohungen, die du dann sowieso nicht in die Tat umsetzt. Aus persönlicher Erfahrung rate ich dir grundsätzlich von Drohungen ab. Die verbessern selten eine Beziehung. Gib deinen Schüler*innen Anerkennung und Wertschätzung für ihre Leistungen. Auch wenn sie in deinem Fach nicht zu den Besten zählen, bemühen sie sich mitunter sehr, um deine Anforderungen zu erfüllen. Wie du aus eigener Schüler*innen-Erfahrung weißt, ist es den meisten von uns nicht möglich und auch nicht wichtig, in jedem Fach Topleistungen abzuliefern. Und nimm es nicht persönlich, wenn Schüler*innen dein Fach nicht als Lieblingsfach haben. Erinnere dich an eure professionelle Beziehung: Wenn du begeisterte Schüler*innen hast, so ist das gut und von Vorteil, Schüler*innen müssen aber nicht vor Freude aufspringen, wenn du die Klasse betrittst. Umgekehrt reißt wahrscheinlich auch dich nicht der Anblick jeder deiner Schüler*innen zu Begeisterungsstürmen hin.

Was genau kann ich tun, um die Beziehung zu meinen Kindern zu verbessern?

Nimm dir Zeit für deine Kinder. Sei für sie da und unterstütze sie, wo immer es dir möglich ist. Nimm ihre Sorgen, Wünsche, Ideen, Ängste und Fragen ernst. Das bedeutet nicht, dass du alles machen sollst, was sie sagen bzw. sich von dir wünschen. Zeige ihnen mit deiner Aufmerksamkeit und der Zeit, die du ihnen schenkst, dass sie dir wichtig sind. Das fördert nicht nur eure Beziehung, sondern unterstützt und stärkt auch ihren Selbstwert und ihr Selbstbewusstsein. Sei im Umgang mit deinen Kindern ehrlich, offen, respektvoll und konsequent. Halte dich liebevoll an das, was du mit ihnen ausgemacht und besprochen hast. Gib deinen Kindern Raum, Zeit und Möglichkeit, sich nach ihren Wünschen und Vorstellungen zu entwickeln. Sieh dich als Begleiter*in, die bzw. der sie am Anfang ihres Lebensweges unterstützt. Nutze die Gelegenheiten, wenn deine Kinder dich um Hilfe bzw. deine Zeit bittet. Auch wenn es dir im Moment störend oder lästig erscheinen mag, die Zeit, in der du von deinen Kindern um Unterstützung gebeten wird, vergeht schneller, als du denkst. Eltern, die für ihre Kinder da sind, ohne sie dabei einzuengen oder gar sich selber aufzugeben, tun mit das Beste, was sie für eine positive und gesunde Eltern-Kind-Beziehung tun können. Und zum Abschluss: Nutze jede Gelegenheit, um mit deinen Kindern gemeinsam zu lachen.

Das Mathe-Trauma

Als ich das erste Mal daran gedacht habe, dieses Buch zu schreiben, war es meine Motivation und mein Ziel, für all die Menschen eine Unterstützung zu schaffen, die in ihrem Leben mit Mathematik keine guten Erfahrungen gemacht haben. Wie ich dir ja bereits in der Einleitung erzählt habe, gibt es nicht wenige Personen, die glauben, für Mathematik absolut ungeeignet und unfähig zu sein. Aus meiner persönlichen Erfahrung in der Arbeit mit sehr, sehr vielen Schüler*innen, Kindern, Jugendlichen und Erwachsenen weiß ich, dass das ein Irrglaube ist. Meist liegen die Ursachen und Gründe für diesen Mathematikfrust ganz woanders. In diesem Kapitel möchte ich mit dir gemeinsam betrachten, was es denn mit diesem Mathematik-Trauma auf sich hat und welche Möglichkeiten es gibt, damit umzugehen, die Perspektive zu verändern, Frieden mit dem Fach Mathematik zu schließen und es vielleicht sogar ein klein bisschen interessant und nützlich zu finden.

Eine wunderbare Schülerin von mir, die zu Beginn unserer Zusammen-arbeit keine ausgesprochene Mathematikfreundin war und an ihren Fähig-keiten in Mathe eher zweifelte, meinte zum Abschluss ihrer Schulzeit mit einem Lächeln in ihrem Gesicht zu mir: »Danke, Georg, für deine Unter-stützung und deine Begeisterung für Mathematik. Auch wenn Mathematik noch immer nicht mein Lieblingsfach ist, ich habe jetzt manchmal Mo-mente, in denen ich mir denke, Mathe mag ich.« Sie hatte einen vor Freude strahlenden Georg vor sich, als ich das hören durfte. Danke dir, liebe Elisa!

Schauen wir uns zunächst einmal an, worum es sich bei einem Trauma in diesem Zusammenhang überhaupt handelt.

Trauma, was ist das?

Lass uns zu Beginn dieses Abschnittes einen kurzen Blick auf die Defini-tion des Wortes Trauma werfen. Ursprünglich stammt das Wort *Trauma* aus dem Altgriechischen (τραυμα = trauma) und bedeutet so viel wie *Verletzung, Verwundung, Wunde, Schaden* oder *Niederlage*. Im Sinne von einer durch Unfall oder Gewalteinwirkung erlittenen Wunde und Verletzung wurde das Wort Trauma auch in die lateinische Wissenschaftssprache der Medi-zin übernommen und wird dort seitdem verwendet. Auch in die Sprache der Psychologie wurde der Begriff Trauma übernommen. Hier beschreibt das Wort Trauma Situationen, in denen wir von den äußeren Umständen massiv überfordert werden und in uns keine angemessenen, individuellen Bewältigungsstrategien dafür finden. Dadurch kommt es in traumatischen Situationen zu einer Erschütterung des Selbstbewusstseins und zu einem Gefühl der Hilflosigkeit. Personen fühlen sich in solchen Momenten den äußeren Bedingungen und Faktoren schutzlos ausgeliefert. Sie verfügen über keine passenden Verhaltensweisen oder Aktionsmöglichkeiten, um mit der Situation umzugehen und sie aktiv zu verändern. Je nach Individuum und durchlebter Situation können die Folgen von traumatischen Erleb-nissen sehr unterschiedlich ausgeprägt sein. Angefangen bei erhöhter Auf-merksamkeit und Angespanntheit in ähnlichen Situationen, über wieder-kehrende Zustände der scheinbaren Paralyse und Handlungsfähigkeit bei

Konfrontation mit gleichartigen Erlebnissen bis hin zu lang anhaltenden Spätfolgen, wie verminderte Resilienz, geringere Belastbarkeit oder Hypersensibilität, ist die Palette von Traumafolgesymptomen sehr breit gefächert.

Nun erleiden die meisten Menschen in der Schule (zum Glück) keine physischen Traumata, doch weiß man mittlerweile, dass die Folgen von psychischen Traumata auf unseren Alltag einen mindestens genauso großen Einfluss haben. In Bezug auf unser Thema »Mathe ohne Angst« betrachte ich in weiterer Folge Trauma als eine in der Schule erlebte Situation, die unsere Beziehung zu dem Fach nachhaltig negativ geprägt und beeinflusst hat, die sich negativ auf unseren Selbstwert und unser Selbstbild ausgewirkt haben. Schauen wir uns an, wie es zu einer Traumatisierung in diesem Sinne kommen kann.

Die Entstehung eines (Mathe-)Traumas

Zu Beginn unserer Schulzeit starten wir alle meist mit großer Freude, Begeisterung und Neugier in das neue Abenteuer. Wir fühlen uns groß und sind stolz, nun auch endlich in die Schule gehen zu dürfen. Dass ältere Kinder die Schule nicht so gerne mögen, können wir nur schwer verstehen. Auch freuen wir uns über all die schönen neuen Sachen, wie z. B. Schultasche, Hefte und Schreibzeug, die wir geschenkt bekommen. Mit Begeisterung beginnen wir diesen neuen Lebensabschnitt.

Im Laufe der Zeit, mit zunehmendem Alter und mehr Erfahrung wird das Neue zur Gewohnheit und zum Alltag. Wir erkennen immer wieder, dass es in der Schule auch Sachen wie Hausaufgaben, Prüfungen, Tests usw. gibt, die uns gar keine Freude bereiten und aus denen es aber trotzdem kein Entkommen gibt. Viele Kinder erleben in der Schule ein Gefühl der Machtlosigkeit und des Ausgeliefertseins. Allerdings ist dieses Erlebnis kein spontanes, bei dem sich die Kinder von einem auf den anderen Moment fremdbestimmt, machtlos oder bevormundet fühlen. Das passiert langsam und schleichend. Vor allem auch, weil wir zu Beginn unserer Schulzeit ja auch alles ausprobieren und mitmachen wollen, findet diese

Enttäuschung langsam und meist eher unbewusst statt. Zwar spüren wir, dass es doch nicht ganz so toll ist, jeden Tag in der Früh in die Schule zu müssen, nur um dort ruhig zu sitzen und darauf zu warten, was uns zu tun befohlen wird, aber das passiert so schleichend, dass unser Wille zum Protest nur selten aktiviert wird. Meistens ist das Geschehen im gerade noch zu akzeptierenden Bereich. Selbstverständlich gibt es Kinder und Jugendliche, die da aktiver sind, sich besser kennen bzw. sehr genau auf sich achten – ohne es bewusst mitzubekommen. Diese Kinder und Jugendlichen gibt es in jeder Klasse. Meistens gelten sie als die auffälligen, wilden, unruhigen und lernschwachen Kinder. Was für eine Fehleinschätzung!

Das eben gezeichnete Bild mag sehr düster oder vielleicht sogar deprimierend auf dich wirken, doch ich will damit nur zeigen, was bei vielen jungen Menschen im Laufe ihrer Schulzeit passiert. Das heißt selbstverständlich nicht, dass alle diese Kinder Schäden davontragen oder gar traumatisiert werden. In unserem Kulturkreis gehört die Schulzeit zu den prägenden Phasen in der Entwicklung von uns Menschen. Abgesehen von den fachlichen Inhalten können wir dort viel für unser Leben lernen und auf unserem Weg mitnehmen. Die (unbewussten) Erfahrungen, die wir im Laufe unserer Schulzeit – abseits von fachlichen Inhalten – machen, können durchaus hilfreich, förderlich und charakterbildend sein. Dennoch fördert bzw. erleichtert das oben beschriebene Klima die Entstehung von traumatischen Situationen.

Im Kapitel *Mathematik-Theorie* haben wir besprochen, welche Rolle eine positive Beziehung zwischen Lehrer*innen und Schüler*innen sowie das gegenseitige Vertrauen gerade in einem Fach wie Mathematik spielen. Genau diese Punkte spielen auch bei der Entstehung von traumatischen Erfahrungen im Zusammenhang mit Schule eine wesentliche Rolle. Da Mathematik gerade zu Beginn ein aufbauendes Fach ist, kann es rasch dazu kommen, dass wir den Anschluss verpassen und im Unterricht nicht mehr mitkommen. Je früher so etwas passiert, desto massiver sind die Folgen. In den meisten Grundschulen haben die Lehrer*innen zum Glück die Zeit, die Möglichkeiten und auch den Willen, auf diese Tatsache einzugehen und darauf zu achten, dass alle ihre Schützlinge gut mitkommen und dem Unterricht folgen können. Nicht zuletzt deshalb schaffen es die meisten von uns ganz passabel, die ersten Schuljahre in Mathematik erfolgreich zu bestehen. Mit Fortschreiten unserer Schulkarriere werden aber die Anforderungen an uns größer, die Aufgabenstellungen umfangreicher und die Inhalte komplexer und abstrakter. Auch der Handlungsspielraum der Lehrer*innen, auf individuelle Bedürfnisse und Befindlichkeiten einzugehen, schwindet. Der Druck auf die Schüler*innen steigt.

Dieser steigende Druck, das Gefühl der Ohnmacht in Bezug auf die Selbstbestimmung in der Schule und die physischen und psychischen Herausforderungen beim Wechsel in die Pubertät setzen uns in dieser Zeit teilweise enorm zu. Je nach individueller Resilienz, nach den äußeren Umständen und nach der Unterstützung, die sie bekommen, schaffen es viele Schüler*innen dennoch, gut mit dieser Situation umzugehen. Doch ermöglichen es diese Gegebenheiten auch, dass wir bereits in sehr jungen Jahren in eine Überforderung geraten und chronisch geschwächt und verunsichert sind. Dadurch wird auch die Wahrscheinlichkeit größer, dass wir Situationen in unserem Schulalltag als traumatisierend erleben.

Nun gilt dies natürlich nicht nur für das Fach Mathematik, sondern im Grunde für jedes Unterrichtsfach. Doch stellt gerade die Mathematik für viele Kinder und Jugendliche eine Herausforderung dar, eben, weil ihre Aussagen, Regeln, Schlussfolgerungen und Gesetzmäßigkeiten für uns nicht immer empirisch nachvollziehbar sind, weil wir sie im Alltag so gut wie nicht beobachten können und besonders in diesem Fach das Vertrauen sowie die Lehrer*innen-Schüler*innen-Beziehung eine enorm wichtige Rolle spielen.

Dass es darüber hinaus auch in anderen Schulfächern zu traumatischen Erfahrungen kommen kann, möchte ich dir mit der folgenden Geschichte zeigen, die ich am eigenen Leib erfahren habe.

In meiner Schulzeit stellten Schularbeiten und Tests in den Sprachenfächern, für mich in Deutsch, Englisch und Latein, eine besondere Herausforderung dar. Auch wenn ich durchaus gerne zur Schule ging, so machte mir meine Lese- und Rechtschreibschwäche ziemlich zu schaffen. Im Jahr 1993 besuchte ich die 3. Klasse Gymnasium (7. Schulstufe), ich war damals zwölf Jahre alt, durfte aufgrund von zwei Hüftoperationen im frühen Kindesalter kaum Sport machen und war damals *ziemlich beleibt. Das machte mir auch den Schulalltag mit manchen meiner Mitschüler*innen nicht gerade leichter. Auch wenn ich damals nicht an der untersten Stelle in der Klassen-Hackordnung rangierte, so ließen mich viele meiner »Kolleg*innen« doch sehr deutlich spüren, dass ich anders war, nicht den optischen Erwartungen entsprach und sicher nicht zu ihnen gehörte.*

Wir hatten ein paar Tage zuvor eine Deutschschularbeit geschrieben und sollten nun unsere Arbeiten – und damit auch unsere Bewertungen – zurückbekommen. Mein damaliger Deutschlehrer war auch gleichzeitig unser Klassenvorstand, ein Mann, den ich seit meinem ersten Tag im Gymnasium faszinierend fand und den ich als eine Art Vorbild betrachtete. Ich mochte ihn und wünschte mir sehr, auch von ihm gemocht zu werden. Aufgrund meiner schlechten (Rechtschreib-)Leistungen in Deutsch hatte ich allerdings fast ausschließlich »Problemgespräche« mit ihm. Immer wieder mal stellte ich mir vor, dass ich von ihm Anerkennung und Lob bekäme. Ich wünschte mir, gerade von ihm »gesehen« zu werden.

Es war seine Art, Schularbeiten in einer bestimmten Reihenfolge zurückzugeben. Dabei begann er immer mit den negativen Arbeiten und arbeitete sich dann hinauf bis zu den Besten. [Anmerkung: Im österreichischen Schulsystem gehen die Noten von Nicht genügend (5) – das ist die schlechteste Note und bedeutet so viel wie »nicht bestanden«, »durchgefallen« – über Genügend (4), Befriedigend (3), Gut (2) und Sehr gut (1), was die bestmögliche Note ist.] Voller Bangen saß ich mit meinen Mitschüler*innen in unserer Klasse und hörte zu, wie ein Name nach dem anderen aufgerufen wurde. Es war für mich schon fast normal, dass mein Name ganz zu Beginn bei den negativen Noten, den 5er-Schüler*innen, aufgerufen wurde. Doch dieses Mal war es nicht so. Als die erste mit Genügend benotete Arbeit zurückgegeben wurde, konnte ich es kaum fassen. Ich war tatsächlich positiv. Ich würde an diesem Tag nach Hause kommen und meinen Eltern erzählen können, dass ich meine Deutschschularbeit positiv geschafft hatte. Ich war unglaublich *erleichtert. Schließlich waren alle Genügend-Arbeiten ausgeteilt und ich hatte mein Heft noch immer nicht zurückbekommen. Unglaublich! Sollte ich diesmal tatsächlich das Unmögliche geschafft und ein Befriedigend auf meine Arbeit bekommen haben? Mein Sitznachbar freute sich bereits für mich mit und gratulierte mir leise.*

Doch auch als alle Mitschüler*innen, deren Arbeiten mit einem Befriedigend benotet waren, ihre Hefte hatten, hatte ich meines noch immer nicht. Wie jetzt? Ich hatte es tatsächlich geschafft, ein Gut auf eine Deutschschularbeit zu bekommen? Ich? Das letzte Mal, an das ich mich erinnerte, war in der Grundschule gewesen. Ich strahlte nun vor Freude und auch andere Mitschüler*innen, mit denen ich sonst eher kaum etwas zu tun hatte, murmelten mir ihre Glückwünsche zu, und ich hatte den Eindruck, sie freuten sich für mich. Für mich! Ich fühlte mich einfach unglaublich gut. Als unser Deutschlehrer und Klassenvorstand dann bei den besten Arbeiten angekommen war, bei den Sehr-Gut-Schüler*innen, hatte ich meine Arbeit noch immer nicht zurückbekommen. Was war denn hier bitte los? Wie konnte es möglich sein, dass ich, Georg, ein Sehr gut auf meine Deutschschularbeit bekommen hatte? Es war ein unglaubliches Gefühl. Ich gehörte zu den Besten. Ich! Und meine ganze Klasse bekam das mit. Heute würde sich meine Position in dieser Gemeinschaft – wenn vielleicht auch nur für eine kurze Zeit – ändern. Ich strahlte vor Freude und Verwunderung. Das feste Schulterklopfen meiner unmittelbaren Sitznachbarn fühlte sich unbeschreiblich gut an. Alle hatten ihre Arbeiten zurückbekommen, alle, außer mir. Mit erwartungsvollen Blicken sah ich zu unserem Lehrer hoch. Gleich bekomme ich meine Arbeit zurück und höre die für unmöglich gehaltenen Worte: »Georg Burkhardt, Sehr gut!« Doch er machte es scheinbar noch spannender. Er ging an die Tafel und begann mit dem Unterricht. Ich habe absolut keine Ahnung mehr, was er da aufschrieb, ich weiß nur, dass ich sehr verwundert war. Mit einem fragenden Lächeln im Gesicht hob ich meine Hand, meldete mich zu Wort und sagte zu ihm: »Äh, Herr Professor, ich habe meine Schularbeit noch nicht zurückbekommen.« War das von ihm so inszeniert? Wollte er die-

sen besonderen Moment für mich durch sein Verhalten noch hervor-
heben? Ich war den Tränen nahe. Auf meine Wortmeldung hin schaute
mein Deutschlehrer erst kurz mich an und dann auf den Lehrer*innen-
tisch. Das Einzige, was ich danach noch mitbekam, waren seine Worte:
»Ach ja, Burkhardt, Nicht genügend.«

Selbst heute, beim Schreiben, ca. 28 Jahre nach dem Erlebnis, spüre ich
die Situation wieder ganz genau. Ich weiß, wo in der Klasse mein Platz
war, wo das Klassenzimmer im Schulgebäude lag und auch, wie das Wetter
draußen war (es war ein sonniger, leicht bewölkter Tag). Was auch immer
meinen damaligen Deutschlehrer und Klassenvorstand zu seinem Verhalten bewogen hat, auf mich hat es einen massiven Eindruck gemacht.
Heute kann ich mit dieser Erfahrung sehr gut umgehen, ich weiß, was ich
daraus lernen konnte, es war – rückblickend betrachtet – ein wichtiges
Erlebnis auf meinem Weg. Doch bis ich zu dieser Erkenntnis gekommen
bin, sind viele Jahre vergangen, und ich habe mich nicht nur einmal in
diese Situation zurückversetzt und wie paralysiert gefühlt. Damals konnte
ich nichts Gutes, Stärkendes oder gar Nützliches in dieser Situation sehen.
Ich fühlte mich einfach nur schlecht, unfähig und wertlos. Und was mir
am meisten wehtat, war der Glaube, dass es meine Schuld, meine Verantwortung war. Ich war davon überzeugt, dass sich mein Lehrer korrekt
verhalten hatte, und ich zweifelte keinen Augenblick mehr, nein, ich war
mir sicher: Was Sprachen betrifft, muss ich dankbar sein, wenn ich gerade
noch ein Genügend geschenkt bekomme – denn aus eigener Kraft war
mir eine positive Note ganz offensichtlich nicht möglich. Was für ein Irrglaube! Doch es ist einer, der in vielen Schülerhirnen festsitzt – und nicht
selten gerade in Bezug auf das Fach Mathematik.

Prüfungsangst

Neben traumatisierenden Erlebnissen und Erfahrungen, die Kinder und
Jugendliche in der Schule machen müssen, spielt ein weiteres Thema eine
sehr wichtige Rolle in Bezug auf das Schulfach Mathematik. Und das ist

die Angst vor Prüfungen. Eine der häufigsten »Begleiterscheinungen«, mit denen meine Klient*innen – egal, ob jung oder schon etwas älter – zu mir in die Nachhilfe und in die Beratung kommen, ist ihre Angst vor Prüfungen bzw. der Stress und das Unbehagen, dass sie vor, während und teilweise auch danach verspüren und erleben. Da meiner Erfahrung nach auch die beste fachliche Vorbereitung auf einen Test oder eine Schularbeit nicht viel hilft, wenn dann bei der Prüfungssituation ein Blackout einsetzt, ist es wichtig, sich auch mit diesem Aspekt von Prüfungen zu befassen. In meiner täglichen Arbeit mit Schüler*innen ist es deshalb ein wichtiger Bestandteil, den Umgang mit und die erfolgreiche und positive Bewältigung von Prüfungssituationen einfließen zu lassen. Dadurch werden die Kinder, Jugendlichen und Erwachsenen »ganz nebenbei« in ihrer Einstellung solchen Herausforderungen gegenüber gestärkt und auch deutlich widerstands- und leistungsfähiger. Doch wie genau kommt es überhaupt dazu, dass sich viele Schüler*innen von Prüfungen derart aus der Ruhe bringen lassen?

Jede Prüfungssituation ist eine Stresssituation. Als Erstes ist es wichtig, sich dessen bewusst zu sein, dass eine jede Prüfungssituation immer eine bestimmte Form von Stress mit sich bringt. Prüfungsangst kann mit Lampenfieber verglichen werden. Vielleicht kennst du selber das Gefühl, gleich vor mehrere Menschen treten zu müssen, um dein Können zu zeigen – sei es bei einem Theaterstück, einer Musikschul-Vorspielstunde oder einfach einem Referat oder Projekt, das du in deiner Klasse vorstellen sollst. Kann ein gewisses Maß dieser Aufregung uns darin unterstützen, besonders fokussiert, aufmerksam und wach zu werden und so eine gute Leistung zu bringen, passiert bei einer Überreaktion genau das Gegenteil. Wir fühlen uns unsicher, es fällt uns enorm schwer, uns zu fokussieren, das, was wir zeigen sollen und eigentlich »im Schlaf« beherrschen, ist auf einmal wie weggeblasen, und wir schaffen es nicht, aus diesem Zustand, dieser Lähmung herauszukommen. Befinden wir uns in so einem Zustand, geht es für unseren Körper und unser Nervensystem in erster Linie darum, mit diesem Stress erfolgreich umzugehen, und nicht etwa darum, gelerntes Wissen oder Können wiederzugeben. Dabei entstehen der Stress und der Druck vor allem deshalb, weil wir von der (falschen) Annahme ausgehen, dass in einer Prüfung wir als Person, unser ganzes Sein, getestet und letzten Endes bewertet werden. Wenn wir vor einer Prüfung Angst haben, befürchten wir, dass wir als Person, als individueller Mensch abgelehnt werden und durchfallen.

Mit meinen von Prüfungsangst betroffenen und geplagten Schüler*innen versuche ich im ersten Schritt, der ganzen Sache auf den Grund zu gehen. So gut wie allen Betroffenen ist auf einer rationalen Ebene »klar«, dass ihre Angst vor einer Prüfung unbegründet, nicht verständlich und sinnlos ist. Tatsächlich habe ich in meiner bisherigen Arbeit ausschließlich die Erfahrung gemacht, dass diese »Klarheit« Teil des Problems ist. Doch der Gedanke, dass man selber nicht »ganz normal« ist, weil man vor Prüfungen Angst hat, helfen hier nicht weiter.

Der erste Schritt zur Veränderung dieser Situation ist es, dir bewusst zu sein und zu akzeptieren, dass du vor und in (bestimmten) Prüfungssituationen Angst verspürst. Nicht mehr und nicht weniger. Und es ist absolut okay, normal und in Ordnung, Angst vor Prüfungen zu haben. Durch das Anerkennen dieses Umstands schaffst du die Möglichkeit, ihn zu verändern.

Danach betrachte ich mit meinen Schüler*innen immer die Prüfungssituationen an sich. Was genau passiert dort, was wird bei einer Prüfung getestet?

Die Antwort scheint einfach zu sein und auf der Hand zu liegen: der Prüfungsstoff. Das Wissen, das deine Lehrer*innen in den letzten Wochen und Monaten unterrichtet haben und das du deshalb nun beherrschen sollst. Doch diese Antwort ist nur zu einem (sehr kleinen) Teil richtig. In erster Linie testet eine Prüfungssituation nämlich deine Fähigkeit, mit einer Stresssituation umzugehen. Du kennst vielleicht das Gefühl, gut vorbereitet zu einer Prüfung zu kommen und dann während der Prüfung plötzlich Beispiele und Aufgaben nicht mehr lösen zu können. Schaust du dir dieselben Beispiele dann nach der Prüfung noch einmal an, ist dir schlagartig klar, wie sie zu lösen wären, und du kannst die Fragen schnell, sicher und richtig beantworten. Tatsächlich verfügst du über alles Fähigkeiten und das Wissen, die bei der Prüfung gestellten Aufgaben richtig zu lösen und kannst es auch beweisen. Was dir hingegen schwergefallen ist, ist, mit dem Druck bzw. den Rahmenbedingungen dieser Situation umzugehen. Eine völlig andere Sache also.

Ist dieser Perspektivenwechsel geschafft, so stellt sich als Nächstes die Frage: Warum schaffe ich es nicht, mit einer Situation umzugehen, mit der die meisten meiner Klassenkolleg*innen scheinbar keine Probleme haben? Auf diese Frage gibt es sehr viele Antworten und die sind – meiner Erfahrung nach – so individuell wie die Personen, die sie sich stellen. Was darüber hinaus auf alle Betroffenen zutrifft, ist die Tatsache, dass sie darauf nicht vorbereitet wurden bzw. werden. In der Schule lernen wir in der Regel nicht, mit Stresssituationen umzugehen, unter Druck Leistung zu bringen und trotz teilweiser sehr hoher Anforderungen dennoch aktiv und handlungsfähig zu bleiben. Wir können es schon lernen, nämlich dadurch, dass wir in der Schule oft in Situationen geraten, die eben diese Rahmenbedingungen mit sich bringen. Doch das ist so, als ob ich einem Kind, das noch nicht schwimmen kann, das Schwimmen beibringen möchte, indem ich es immer wieder in einen See werfe und zu ihm sage, es soll ans andere Ufer schwimmen. Einigen Kindern wird es gelingen, andere werden massiv zu kämpfen haben, doch sich dann irgendwie mit letzter Kraft ans andere Ufer retten. Und einige werden mit Sicherheit untergehen. Bezogen auf Prüfungssituationen in der Schule bedeutet das, dass dort nicht gezeigt, unterrichtet oder gelehrt wird, wie genau du mit diesem Stress umgehen kannst. In der Schule fehlt meist der aktive Umgang mit solchen Situationen. Wir fühlen uns dann alleine gelassen, unfähig und schlecht. Es wird scheinbar erwartet, dass jeder Mensch bereits die Fähigkeiten und Erfahrungen mitbringt, Stresssituationen erfolgreich bewältigen zu können. Doch das ist genauso falsch wie die Vorstellung, jedes Kind könne von Geburt an schwimmen und werde deshalb sicher das andere Ufer erreichen.

Darum ist es wichtig, dass du, wenn du mit dem Thema Prüfungsangst zu tun hast, Unterstützung bekommst, mit solchen Situationen, wie du sie bei Prüfungen erlebst, umzugehen. Du hast das Recht und den Anspruch auf diese Unterstützung. Denn es wird dir nicht weiterhelfen, wenn du immer mehr fachlich lernst und trainierst. Das wäre genau so, als ginge ein Kind, das nicht schwimmen kann, ins Fitnessstudio, um Kraft und Ausdauer zu trainieren, in der Annahme, wenn es nur stark und ausdauernd genug wird, dann werde es dann andere Ufer mit Sicherheit erreichen.

Wenn es nicht weiß, wie man schwimmt, wird das aber leider nie – oder nur mit Glück – der Fall sein.

In Bezug auf Prüfungen ist es darüber hinaus wichtig, dir bewusst zu sein, dass sie nicht der Realität entsprechen, dass eine Prüfungssituation also nie einen »Ernstfall im Leben« darstellt. Eine Formulierung, die eine meiner Mathematiklehrerinnen gerne verwendet hat, wenn sie die Wichtigkeit und Notwendigkeit von Tests und Schularbeiten zum Ausdruck bringen wollte. Doch warum ist das so? Wie komme ich zu dieser Behauptung? Nun, bei einer Prüfung musst du in vorgegebener Zeit einen bestimmten Umfang an Aufgaben lösen. Dabei darfst du aber nur begrenzt auf »Hilfsmittel« zurückgreifen: dein Schreibzeug, deinen Kopf und deinen Taschenrechner. Du darfst dir aber keine weitere Unterstützung – wie z. B. deine Lernunterlagen, deine Mitschrift, deine Mitschüler*innen – zur Hilfe holen. Und genau darin liegt der entscheidende Unterschied zwischen einer Prüfung und dem »echten« Leben. Wenn du im Alltag z. B. wissen willst, wie viele Eimer Farbe du zum Ausmalen deiner Wohnung kaufen musst, wirst du dir jede mögliche Hilfe zur Flächenberechnung holen. Vielleicht schaust du nach, wie man eine Fläche berechnet, du bittest jemanden, deine Berechnungen zu überprüfen oder dir zu zeigen, wie du es selber berechnen kannst. Auf keinen Fall würdest du aber in einen Heimwerkermarkt gehen, dort Farbe besorgen und dann zu Haus hoffen, dass es nicht zu viel oder zu wenig ist. Bei einer Prüfung findest du dich aber genau in so einer Situation wieder: Du weißt, wo und wie du Unterstützung zum Finden der richtigen Lösung bekommst, darfst sie aber nicht nutzen.

Mir ist durchaus bewusst, dass z.B. bei einer Mathematikarbeit nicht das Ergebnis an sich wichtig ist. Es geht nicht darum, dass du das Ergebnis richtig hast, weil es als solches gebraucht wird, es geht darum, das richtige Ergebnis zu bekommen, um damit zu beweisen, dass du in der Lage bist – im Bedarfsfall – das richtige Ergebnis berechnen zu können, das heißt den richtigen Weg dorthin zu gehen. Meiner Erfahrung nach gibt es dafür deutlich bessere und geeignetere Methoden, als dich unter Druck dazu zu bringen, dein Können unter Beweis zu stellen.

Doch im Moment ist die Situation in so gut wie allen Schulen, dass Prüfungen auf genau diese Art stattfinden. Wenn du dieses Buch liest und selber noch zur Schule gehst, wird sich bis zu deinem Schulabschluss an diesem Umstand vielleicht nichts mehr ändern. Lass uns deshalb einen Blick darauf werfen, welchen Nutzen du aus dieser Tatsache ziehen kannst.

Was genau kannst du aus der Angst vor Prüfungen lernen? Wofür genau kann diese Angst gut sein? Was gibt ihr die Existenzberechtigung?

Prüfungsangst ist, wie jede andere Form von Angst auch, ein Hinweis darauf, dass für dich etwas nicht stimmt. Ein sehr, sehr wichtiger Unterschied: Es stimmt FÜR dich etwas nicht und nicht du stimmst nicht! Dieses »Etwas« kann sein, dass du die falsche Annahme hast, dass bei der Prüfung nicht deine Fähigkeit, mit einer Stresssituation umzugehen, bewertet wird, sondern dass du als Person, als Individuum bewertet wirst. Diese Annahme ist falsch, das genaue Gegenteil ist der Fall; es wird bewertet, wie gut du mit Stresssituationen umgehen kannst. Und den Umgang mit solchen Situationen kann jeder lernen. Auch du. Ein anderer Grund für deine Angst vor Prüfungen können unausgesprochene Erwartungshaltungen oder falsche Glaubenssätze sein. Deine Prüfungsangst ist in diesem Fall also der Anlass für dich, dir deiner Vorurteile, Glaubenssätze und Perspektiven bewusst zu werden, um sie danach – wenn gewünscht – zu verändern. Wie das wiederum möglich ist, zeige ich dir ein bisschen später in diesem Buch.

Wege aus dem (Mathe-)Trauma

In diesem Abschnitt möchte ich dir vermitteln, wie es möglich ist, solche Erfahrungen und Ängste zu verarbeiten, zu integrieren und letzten Endes als Antrieb und Motivation für deine Entwicklung zu nutzen. Und sei dir sicher, dass so etwas möglich ist: Ich weiß das aus eigener Erfahrung ;-)

Nimm dir jede Unterstützung, die dir guttut

Wie bei jeder Art von Herausforderung, die du scheinbar alleine nicht bewältigen kannst, ist es auch bei schulischen Themen eine ausgezeichnete Idee, dir Unterstützung zu holen. Damit meine ich nicht, dass du jemanden findest, der deine Probleme für dich löst oder den du gar damit beauftragst, sie für dich zu lösen. Mit so einem Verhalten würdest du nur eine gute Lern- und Entwicklungsmöglichkeit vertun. Die beste Form der Unterstützung ist es, Menschen um dich zu haben, die an dich glauben, die davon überzeugt sind, dass du es schaffen kannst und auch wirst. Gerade in Momenten, in denen es uns selber nicht leichtfällt, von unseren Fähigkeiten und unserem Können überzeugt zu sein, bewirken Menschen, die an uns glauben, wahre Wunder. Nicht, indem sie die Aufgaben und Herausforderungen für uns erledigen oder sie uns gar abnehmen. Allein das Gefühl, dass eine andere Person davon überzeugt ist, dass wir etwas schaffen können, weckt in uns das Potenzial, eine Situation tatsächlich zu meistern.

Fühlst du dich überfordert und siehst für dich keine Perspektive, rede mit den Menschen darüber, die dir nahestehen, denen du vertraust und die dich lieben. Erwarte dabei nicht, dass sie die Probleme für dich lösen werden. Gehe dabei viel mehr davon aus, dass du durch den Austausch mit diesen Menschen selber die Kraft und Fähigkeit entwickeln wirst, deine Herausforderungen zu bestehen.

Sollten traumatische Erfahrungen und Erlebnisse aus deiner Schulzeit so tief sitzen, dass du auch mit der Unterstützung von deinen »Lieben« nicht weiterkommst, sei proaktiv und lass dir von Profis helfen. Wende dich an Menschen, die sich im Umgang mit solchen Situationen auskennen. Dafür gibt es Berater*innen, Coaches und Trainer*innen. Wie du die für dich passende Unterstützung finden kannst, zeige ich dir im Kapitel *Praktische Tipps für deinen (Schul-)Mathematik-Alltag*.

Beachte deine Bedürfnisse und arbeite an deiner Bedürfniskultur

Unter dem Wort Bedürfnis verstehen wir im Allgemeinen den Wunsch nach etwas bzw. das Verlangen danach, etwas Bestimmtes zu bekommen, zu haben oder zu erleben. Von einer mehr psychologischen Seite her betrachtet, lässt sich ein Bedürfnis als ein Mangel verstehen, der mit dem Wunsch, ihn auszugleichen, verbunden ist. Dabei ist es wichtig zu verstehen, dass du, so wie jeder Mensch, ganz persönliche Bedürfnisse hast. Deren Art und Ausprägungsgrad hängen unter anderem von deinem Alter, deiner Ausbildung, deinem persönlichen Werdegang sowie deinem familiären, sozialen und kulturellen Umfeld ab. Meistens sind uns nicht alle unsere Bedürfnisse ständig bewusst, was zu Herausforderungen im Leben führen kann. Auf der anderen Seite kannst du Bedürfnisse, die dir bekannt sind, wesentlich einfacher stillen und als befriedigt erleben. Dies wiederum führt zu mehr Ruhe und Ausgeglichenheit in deinem Alltag.

Mit Bedürfniskultur meine ich den Umgang mit all deinen (bewussten und unbewussten) Bedürfnissen. Das Leben einer bewussten, offenen und erfüllenden Bedürfniskultur ist ein Prozess, der – einmal begonnen – idealerweise bis an dein Lebensende anhält.

Wenn du dich deinen Bedürfnissen widmest, sie dir bewusst machst und in deinem Alltag präsent hast, wird dir das enorme Kraft und Energie zur Verfügung stellen. Es wird dir wesentlich leichter fallen, dich zu motivieren, aktiv zu werden und es auch zu bleiben. Wenn du deinen Bedürfnissen Zeit und Aufmerksamkeit schenkst, wird es dir auch wesentlich leichter fallen, dich mit notwendigen Dingen und Aufgaben zu beschäftigen, die für dich wichtig sind, du aber vielleicht nicht so gerne magst. Böse Zungen behaupten, Mathe lernen für die Schule gehöre zu diesen Dingen ;-)

An dieser Stelle möchte ich dir ein paar einfache (wenn vielleicht auch nicht immer leichte) Methoden und Möglichkeiten zeigen, mit denen du dir deine eigenen momentanen Bedürfnisse bewusst machen kannst.

Übung: »*100 Dinge, für die ich leben möchte*«

Nimm dir ein schönes Heft oder einen Block und ein Schreibgerät, mit dem du gerne schreibst. Natürlich darfst du das Ganze – wenn es dir lieber ist – auch digital machen. Beginne nun damit, 100 Dinge, für die du leben möchtest, zu notieren. Es geht hierbei auch um die kleinen Dinge im Leben (z.B. den Duft einer Rose, das Gefühl von Wind in deinem Gesicht oder den Anblick des Sonnenaufgangs am Meer). Setze für die Übung alle deine fünf Sinne ein: Was hörst, riechst, schmeckst, spürst und siehst du gerne? Zu Beginn werden dir vielleicht recht schnell 10 bis 20 Dinge einfallen, für die du gerne leben möchtest. Die Heraus-

forderung in dieser Übung besteht darin, tatsächlich auf 100 Dinge zu kommen, für die du gerne auf diesem Planeten bist. Dabei ist die Übung nicht dazu gedacht, dass du sofort beim ersten Mal auf 100 Dinge kommst. Lass dir dafür Zeit. Notiere immer wieder etwas auf deiner Liste, wenn du eine neue Idee hast. Ich kenne Menschen, die sich für diese Arbeit schon mehr als fünf Jahre Zeit genommen haben. Das hat u. a. den Vorteil, dass du dich laufend mit deinen Bedürfnissen und den Dingen, die dir guttun, beschäftigst. So fällt es dir mit Sicherheit auch leichter, diese Dinge in deinem Alltag bewusster zu erleben und zu genießen. Versuche, möglichst viele dieser Dinge in deinen Alltag zu integrieren und zu erleben. Selbstverständlich ist es auch erlaubt, Dinge auf deiner Liste zu verändern, wenn du merkst, dass etwas für dich nicht mehr passt. Es ist deine Liste, und du alleine bist dafür verantwortlich. Die einzigen Vorgaben: Es müssen Dinge sein, für die du gerne lebst, und es sollten am Ende 100 Dinge sein.

Eine weitere sehr effektive Methode, dir deiner Bedürfnisse bewusst zu werden, ist die Beantwortung folgender Fragen:

- Was höre ich gerne?
- Was genau tut mir gut?
- Was schmecke bzw. rieche ich gerne?
- Welche Werte sind mir besonders wichtig?
- Was spüre ich gerne?
- Welche Erwartungen habe ich an Partner*in, Kinder, Kolleg*innen, Freunde, Eltern usw.?
- Was brauche ich, um mich geliebt zu fühlen?
- Was brauche ich, um mich sicher zu fühlen?
- In welcher Umgebung fühle ich mich wohl, geborgen und zu Hause?
- Was brauche ich, um mich mit anderen Menschen verbunden zu fühlen?

Durch die bewusste Auseinandersetzung mit deinen Bedürfnissen tust du dir und auch den Menschen in deinem Umfeld viel Gutes. Du schenkst dir selber mehr Beachtung, du wirst auch für die Bedürfnisse anderer aufmerksamer sein und du wirst erkennen und unterscheiden können, was deine Bedürfnisse und was die der anderen sind. Dadurch fällt es dir leichter, bewusster und erfüllter zu leben und: Du wirst deine Energien und Ressourcen gezielter einsetzten und nutzen.

Mach dir deine Ressourcen bewusst

Und damit sind wir auch schon – wie elegant – beim nächsten Punkt, der auf dem Weg aus deinem Mathematik-Trauma wichtig ist: deinen persönlichen Ressourcen. Grundsätzlich gilt, dass wir zur Erhaltung unseres psychischen und physischen Wohlbefindens Ressourcen benötigen. Unter Ressourcen ist in diesem Zusammenhang all das gemeint, was dir als Kraft- und Energiequelle dient und zur Verfügung steht. Etwas wissenschaftlicher betrachtet, sind Ressourcen deine inneren Potenziale und betreffen z. B. deine Fähigkeiten, Fertigkeiten, Kenntnisse, Geschicke, Erfahrungen, Talente, Neigungen und Stärken. Mithilfe des Rückgriffs auf deine persönlichen Ressourcen kannst du Krisen meistern und diese als Anlass für Entwicklungen nützen.

Dir deine eigenen Ressourcen bewusst zu machen und zu wissen, wo deine persönlichen Kraft- und Energiequellen liegen, unterstützt dich darin, mit herausfordernden Situationen angemessen umzugehen und somit auch deine Resilienz – also deine Widerstandsfähigkeit gegen äußere, belastende Umstände – zu erhöhen. Das Wissen um deine persönlichen Ressourcen ermöglicht es dir, bei Bedarf schnell darauf zuzugreifen.

- Was sind deine Objekt-Ressourcen, bzw. woher kommen sie und wie kannst du auf sie zugreifen?
- Was sind deine persönlichen Ressourcen, bzw. woher kommen sie und wie kannst du auf sie zugreifen?
- Was sind deine Bedingungs-Ressourcen, bzw. woher kommen sie und wie kannst du auf sie zugreifen?
- Was sind deine Energie-Ressourcen, bzw. woher kommen sie und wie kannst du auf sie zugreifen?

Zur kurzen Begriffserklärung:

- Objekt-Ressourcen: Dinge wie Kleidung, Fortbewegungsmittel, Nahrung, Wohn- und Schlafplatz
- Persönliche Ressourcen: Charakterausprägungen und Qualitäten wie Selbstwirksamkeit, Empathie, soziale Verantwortung usw.
- Bedingungs-Ressourcen: Beziehungsstatus, Arbeitsplatzsicherheit, Autonomie oder die Möglichkeit, aktiv an Entscheidungen teilhaben zu können
- Energie-Ressourcen: Zeit, Geld und Wissen

Erstelle deinen persönlichen Notfallkoffer: Gestalte dir einen Zettel, ein Kuvert oder etwas Ähnliches, worauf du mindestens fünf Ressourcen, auf die du jederzeit zurückgreifen kannst, notierst und festhältst, um sie im Bedarfsfall – z. B. in Krisensituationen – zur Verfügung zu haben. In schwierigen Lebenslagen fällt es uns nämlich manchmal überraschend schwer, an sie zu denken.

Die innere Haltung und deine Perspektive

Deine innere Haltung ist eine der wichtigsten Faktoren auf dem Wag aus deinem Mathematik-Trauma. Mit innerer Haltung ist in erster Linie gemeint, wie deine Einstellung und dein Denken dem Thema »Ich und Mathematik« gegenüber aussehen. Das Erfreuliche an der inneren Haltung ist, dass es sich dabei um eine sehr persönliche und individuelle Angelegenheit handelt.

Im Grunde kannst du in jedem Moment deine innere Haltung jedem x-beliebigen Aspekt deines Lebens gegenüber verändern und neu bestimmen. Sicherlich fällt das – wie so vieles im Leben – mit ein bisschen Übung und einem unterstützenden, wohlwollenden Umfeld noch wesentlich leichter. Doch notwendige Voraussetzungen sind das keine. Wenn du dich also z. B. beim Lesen eben dieser Worte dazu entschließen solltest, deine innere Haltung dem Thema Mathematik gegenüber zu verändern, so ist das sofort möglich.

Die innere Haltung zu verändern ist sehr einfach. Es ist im Grunde eine simple Entscheidung, die ich treffe. Allerdings ist es nicht immer leicht, es zu tun bzw. dabei zu bleiben. Leben wir schon lange mit einer bestimmten inneren Haltung, einer Denkweise oder einer Überzeugung einem Thema wie z. B. Mathematik gegenüber, so ist die »magnetische Anziehung«, die davon ausgeht, nicht zu unterschätzen. Wie beim Verändern von bestimmten Gewohnheiten, neigen wir auch bei unserer inneren Haltung dazu, »rückfällig« zu werden, wenn wir nicht sehr genau aufpassen. Zumindest zu Beginn des Veränderungsprozesses bedarf es eines gewissen Energieaufwands und eines Mindestmaßes an Disziplin, Willen und Durchhaltevermögen, um unser Ziel – deine innere Haltung nachhaltig und somit dauerhaft zu verändern – zu erreichen.

Eine sehr einfache, wirkungsvolle, leicht umsetzbare und obendrein noch recht unterhaltsame und amüsante Methode, deine innere Haltung zu verändern, ist es, deine Perspektive auf das betreffende Thema zu wechseln.

Was »siehst« du, wenn du an Mathematik denkst?

Die ersten Gedanken, die meinen Schüler*innen auf diese Frage kommen, lauten in etwa so:

- Mathematik ist schwierig.
- Mathematik ist schwer zu verstehen.
- Ich mag Mathematik nicht.
- In Mathematik war ich noch nie gut – und werde es sicher auch nie sein.
- Mathematik macht mir Angst.
- Bei Mathematik geht es um Zahlen und ums Rechnen.
- Mathematik kann ich nicht brauchen.
- Mathematik ist langweilig und fad.
- Meine Lehrer*innen sind doof/ gemein/ unfähig/ blöd.
- Mathematik ist mehr was für Jungs als für Mädchen.

Das sind nur die häufigsten Assoziationen, die ich bisher dazu gehört habe. Vielleicht kommt dir der ein oder andere Gedanke gar nicht so fremd vor und du findest deine Perspektive zu Mathematik hier wieder. Diese Gedanken sind alle okay. Es ist absolut in Ordnung, wenn du so denkst. Allein, deine Möglichkeit, etwas zu verändern, ist beim Denken solcher Gedanken sehr beschränkt. Sie formulieren alle mehr oder weniger eine feststehende Tatsache, die du (unbewusst) als gegeben hinnimmst. Und das muss nicht so sein. So wie du dich in jedem Moment deines Lebens dazu entscheiden kannst, deine innere Haltung zu verändern, kannst du auch in jedem Moment deine Perspektive auf etwas wechseln. Betrachten wir die einzelnen Perspektiven von vorhin einmal der Reihe nach:

Mathematik ist schwierig.
Wir erleben Dinge als schwierig, wenn wir sie nicht verstehen bzw. in uns keine Möglichkeit finden, sie zu verarbeiten oder mit ihnen (für uns) angemessen umzugehen. Das trifft nicht nur auf die Mathematik zu. So ist es für einen Menschen, der kein Mandarin (die in China am häufigsten verwendete Sprache) kann, vielleicht unglaublich schwierig, chinesische Schriftzeichen in lateinische Schrift (die Schrift, die wir in Westeuropa verwenden) zu übersetzen. Für jemanden, der sowohl mit Mandarin als auch Deutsch als Muttersprache aufgewachsen ist, ist das wahrscheinlich kaum der Rede wert. Wenn du also Mathematik als schwierig betrachtest, so könntest du auch sagen:

Bisher habe ich Mathematik noch nicht richtig verstanden.
Und dieser Satz macht einen enormen Unterschied aus. Vor allem für unser Unterbewusstsein. Wenn die Variante »Mathematik ist schwierig« eine unveränderliche Tatsache beschreibt, so sagt der Satz »Bisher habe ich Mathematik noch nicht richtig verstanden« etwas ganz anderes aus. Du hast sie bis jetzt noch nicht verstanden und erlebst sie deshalb als schwierig. Das ist (d)eine Wirklichkeit. Doch du hast noch immer die Möglichkeit, das zu ändern. Nämlich, indem du damit beginnst, alles zu tun, um Mathematik zu verstehen – vorausgesetzt, du bist daran interessiert. Im zweiten Satz steckt also die Möglichkeit, dass du selber aktiv werden und

etwas ändern kannst. Und diese Perspektive ist eine sehr kraftvolle und förderliche. Du gehst in deine Eigenverantwortung, wirst selbstbewusst und bleibst handlungsfähig.

Mathematik ist schwer zu verstehen.
Etwas ist für uns meistens aus zwei Gründen schwer zu verstehen: Erstens dann, wenn es uns nicht interessiert, zweitens, wenn es noch nicht für uns verständlich erklärt wurde. In Mathematik liegt es meiner Erfahrung nach fast immer am zweiten Grund. Den meisten Menschen fällt es schwer, Mathematik zu verstehen, weil es bisher noch niemand geschafft (oder sich die Mühe gemacht) hat, es ihnen verständlich zu erklären. In meiner Arbeit mit Kindern, Jugendlichen und Erwachsenen geht es oft um dieselben Themen und Knackpunkte in Mathematik. Doch auch wenn ich z. B. die Wahrscheinlichkeitsrechnung schon bestimmt 100-mal erklären durfte, stehe ich immer wieder vor der Herausforderung, darauf zu achten, wie ich sie erklären kann. Denn nur, weil ich eine mathematische Theorie für eine Schülerin verständlich machen konnte, heißt das nicht, dass ich mit derselben Erklärung auch beim nächsten Schüler Erfolg habe. Die meisten Menschen, die in der Schule mit Mathematik zu tun haben, wollen Mathematik verstehen, allein schon aus dem Grund, weil sie wissen, dass sie ein Pflichtfach ist und sie dies bestehen müssen. Somit ist in der Regel ausreichendes Interesse vorhanden. Nun bedarf es nur noch einer Person, die in der Lage ist, Mathematik für dich verständlich zu vermitteln. Du kannst also z. B. die Perspektive »Mathematik ist schwer zu verstehen« durch den Satz ersetzen:

Bisher ist es mir nicht leichtgefallen, Mathematik zu verstehen.
Wiederum bleibst du mit dieser Aussage handlungsfähig, eine Veränderung ist jederzeit möglich.

Ich mag Mathematik nicht.
Dieser Gedanke bringt deine persönliche Haltung dem Fach Mathematik gegenüber zum Ausdruck. Du alleine weißt und entscheidest für dich, welche Gefühle du der Mathematik gegenüber hast bzw. haben willst. Wenn

der Satz »Ich mag Mathematik nicht« für dich so stimmt und deine wahre Haltung dieser Wissenschaft gegenüber zum Ausdruck bringt, dann ist dieser Satz gut und richtig für dich. Du hast jedes Recht, bei diesem Gedanken zu bleiben. In meiner Arbeit durfte ich die Erfahrung machen, dass Menschen, die solche (oder ähnliche) Gedanken haben, tatsächlich nicht Mathematik ablehnen, sondern vielmehr all das, was sie damit verbinden. Die negativen Erfahrungen aus ihrer Schulzeit, das Gefühl, zu dumm dafür zu sein, den Druck, etwas verstehen zu müssen, was ihnen bisher noch niemand erklären bzw. verständlich machen konnte usw. Deshalb ist es sehr gut möglich, dass auch für dich der Gedanke »Ich mag Mathematik nicht« bei einer genaueren Untersuchung nicht zutreffend ist. Eine andere Perspektive bietet hier z. B. der Satz »Meine bisherigen Erfahrungen mit Mathematik waren nicht sehr positiv.«

In Mathematik war ich noch nie gut – und werde es sicher auch nie sein.

Beschreibt der erste Teil (In Mathematik war ich noch nie gut ...) dieses Gedankens deine subjektive Wahrnehmung und Bewertung der Realität, also deine Wirklichkeit, so ist der zweite Teil (... und werde es sicher auch nie sein.) eine völlig spekulative Vorannahme in Bezug auf deine Zukunft. Niemand kann mit Gewissheit sagen, was sein wird, geschweige denn, was sie oder er einmal verstehen oder können wird. So eine Aussage ist schlichtweg nicht hilfreich. Dieser Gedanke nimmt dir deine Kraft und Energie und beraubt dich jeglicher Möglichkeit, an der – von dir als Tatsache bewerteten – Meinung etwas zu verändern. Im Grunde läuft es bei solchen Gedanken nicht selten auf selbsterfüllende Prophezeiungen hinaus: Ein Ereignis tritt so ein, wie du es erwartet hast, weil du es eben genau so erwartet hast. Anstatt von der Sicherheit auszugehen, in Mathematik nie gut zu sein, könntest du genauso gut behaupten: In Mathematik war ich noch nie gut – deshalb bin ich jetzt damit dran, sie richtig gut zu verstehen. Frei nach dem wundervollen Ausspruch, den die visionäre Schriftstellerin Astrid Lindgren ihre Figur Pipi Langstrumpf hat machen lassen: Das habe ich noch nie vorher versucht, also bin ich völlig sicher, dass ich es schaffe.

Mathematik macht mir Angst.

Wieder eine Aussage darüber, was du in Bezug auf Mathematik empfindest. Auch hier steht es dir natürlich frei, so zu denken, und mir natürlich auf keinen Fall zu, es dir abzusprechen. Dieser Gedanke an sich ist im Grunde auch keine hinderliche Perspektive auf Mathematik. Allerdings neigen die meisten Menschen dazu, bei Dingen, die ihnen Angst bereiten, zu erstarren bzw. handlungsunfähig zu werden. Und das ist mit Sicherheit kein Zustand, der für unsere Entwicklung hilfreich oder gar förderlich ist. Angst ist ein Gefühl, das uns darauf aufmerksam machen will, dass wir uns in einer Situation befinden, in der wir uns unsicher, unwohl oder bedroht fühlen. In diesem Sinne ist Angst dazu da, uns zu veranlassen, etwas zu verändern. In Bezug auf Mathematik wird dich deine Angst, die du davor empfindest, darauf hinweisen wollen, dass du noch nicht über die passenden Ressourcen oder Fähigkeiten verfügst, um mit ihr – der Mathematik – für dich angemessen umgehen zu können. Wenn du das Ganze von dieser Perspektive aus betrachtest, sieht Mathematik plötzlich völlig anders aus. Es ergeben sich fast von selbst folgende Fragen bzw. Handlungsmöglichkeiten: Was genau brauche ich (noch), um mit Mathematik zurechtzukommen? Was genau kann ich tun, um meine Situation zu verändern? Wie genau schaffe ich es, meine mathematischen Herausforderungen zu bewältigen? Und welche Art von Unterstützung ist für mich in meiner Situation die richtige?

Bei Mathematik geht es um Zahlen und ums Rechnen.

Eine vermeintlich naheliegende Aussage, hast du in der Schulmathematik doch sehr, sehr viel mit Zahlen und Rechnungen zu tun. Doch wie du spätestens seit dem Kapitel *Mathematik-Theorie* weißt, ist Mathematik sehr viel mehr als Rechnen und Zahlen. Rechnen und Zahlen sind – wichtige – Hilfsmittel der Mathematik, sie spielen dort bei Weitem aber nicht die Hauptrolle. Die Mathematik bietet im Grunde eine weitere Betrachtungsmöglichkeit auf unsere Realität. Es ist also gar nicht wichtig, ob du sehr gut und schnell rechnen kannst und ob du Zahlen elegant, spannend und interessant findest. Sicher, in der Schule ist es für diejenigen, die sich beim Rechnen und mit Zahlen leichttun, durchaus einfacher, Mathematik mit

Freude und Interesse zu erleben. Doch wenn du dich z. B. für das Lösen von Rätseln, das Finden und Erkennen von Mustern oder das Entdecken von Zusammenhängen, Gemeinsamkeiten oder Unterschieden interessierst, so wirst du für dich in der Mathematik ein sehr großes, erbauliches, spannendes und immer wieder herausforderndes Betätigungsfeld finden.

Mathematik kann ich nicht brauchen.
Diese Aussage bzw. dieser Gedanke mag auf den ersten, sehr kurzen Blick für dich stimmen. Allerdings haben wir schon besprochen, welchen wichtigen Stellenwert die Mathematik in der Entwicklung unserer Gesellschaft innehat. Ohne all die Mathematiker*innen, die sich mit Freude, Fleiß, Disziplin und Begeisterung dieser Wissenschaft gewidmet haben und es noch immer tun, gäbe es die meisten unserer Entwicklungen, Erkenntnisse und Errungenschaften nicht. Wir alle profitieren mehrmals täglich davon, was andere Menschen zu leisten und auch zu opfern bereit waren. Natürlich gilt das nicht nur für die Mathematik, sondern auch für sehr viele andere Bereiche und Wissenschaften – doch in diesem Buch geht es ja um Mathe. Du kannst dir also sicher sein, dass du Mathematik für das Leben, wie du es gewohnt bist und es – hoffentlich – gerne führst, sehr wohl brauchst. Was hingegen allerdings durchaus stimmen mag, ist, dass du dich selber nicht (sehr gut) in Mathematik auskennen musst. So entsteht eine neue Perspektive, wenn du folgenden Gedanken ausprobierst:

Für mich ist es ausreichend, wenn ich in Mathematik die Grundlagen verstehe.
Klingt ganz anders. Wirkt ganz anders. Und deshalb wird dich diese neue Perspektive (positiv) verändern.

Mathematik ist langweilig und fad.
Wer sich diesen oder ähnliche Gedanken macht, hat in seinem bisherigen Leben bestimmt die dementsprechenden Erfahrungen gemacht. Es ist steht mir also nicht zu und ist auch gar nicht meine Absicht, diesen Gedanken als falsch oder unpassend zu bewerten. Ich musste selber schon – nicht nur einmal – miterleben, wie anstrengend, ermüdend und zermürbend

ein Thema sein kann, wenn es nicht mit Freude, Begeisterung und Leidenschaft erlebt und/oder vermittelt wird. Auch Themen, die einen persönlich grundsätzlich interessieren, wie mich z. B. das Thema Mathematik, können langweilig werden, wenn sie dazu gemacht werden. Etwas danach grundsätzlich als langweilig oder fade zu bezeichnen, nimmt dir aber wiederum die Möglichkeit, etwas daran zu verändern. Nur weil du vielleicht das Pech hast oder hattest, es mit unmotivierten, frustrierten, enttäuschten oder für den Job ungeeigneten Lehrer*innen zu tun zu haben, heißt das noch lange nicht, dass Mathematik für dich nichts Spannendes, Interessantes oder Aufregendes zu bieten hat. Natürlich interessieren wir uns für unterschiedliche Dinge. So findet es die eine aufregend, mit einem Fahrrad mit über 40 Sachen eine buckelige Forststraße hinunterzudüsen. Für den anderen ist diese Vorstellung ein Graus, er erlebt Spannung dabei, wenn er mit anderen gemeinsam in einem Computerspiel Abenteuer erleben kann. Doch geben wir einer Sache – oder in unserem Fall der Wissenschaft Mathematik – nicht einmal die Chance, uns zu überraschen und zu begeistern, so kann es sehr rasch passieren, dass wir einen faszinierenden Bereich des Lebens für uns ausschließen, der noch sehr viel Interessantes, Förderliches und Wertvolles für uns bereitgehalten hätte.

Meine Mathematiklehrer*innen sind doof/gemein/unfähig/blöd.
Wie in jedem anderen Schulfach, so hängt unser Erleben des Unterrichts und unsere Liebe dazu bzw. Abneigung davon sehr stark mit den Personen zusammen, mit denen wir diesen Unterricht erleben: unseren Lehrer*innen. Grundsätzlich gibt es wohl für jeden Menschen zwei Typen von Personen: Typ 1 sind Menschen, mit denen man sich versteht, gut zurechtkommt, die man mag und mit denen man gerne Zeit verbringt. Typ 2 sind Personen, die einem unsympathisch sind, zu denen man keinen rechten Draht findet und die man deshalb lieber meidet. Das ist ganz normal und liegt wahrscheinlich in der Natur von uns Menschen. Üblicherweise umgeben wir uns mit Personen vom Typ 1. Mit je mehr Menschen wir es zu tun haben, desto wahrscheinlicher wird es, dass auch welche vom Typ 2 dabei sind. In der Schule haben wir es meistens mit sehr vielen Menschen zu tun. Je nach Schultyp und Standort kann die Anzahl an Personen,

die gemeinsam in einer Schule zugange sind, von weniger als 50 bis weit über 1000 reichen. Es ist also schon rein statistisch betrachtet sehr wahrscheinlich, dass wir in unserer Schule auf Typ-2-Personen treffen. Dass bei durchschnittlich 13 Unterrichtsfächern dann auch unter den Lehrer*innen die ein oder andere Person ist, die für uns eher zum Typ 2 zählt, sollte dann auch keine Überraschung sein.

Allerdings löst diese Erkenntnis noch nicht unser Problem bzw. ändert noch nicht unsere Perspektive. Doch fällt es leichter zu akzeptieren, dass es unter unseren Lehrer*innen die eine oder den anderen gibt, mit denen wir »nicht können«. Du musst deine Lehrer*innen nicht mögen, um im Unterricht aufpassen und mitarbeiten zu können. Natürlich ist eine positive und wertschätzende Beziehung beim Lernen von Vorteil und enorm förderlich. Doch wenn eine solche Beziehung – aus welchen Gründen auch immer – nicht möglich ist, sieh die ganze Sache so: Je besser es dir gelingt, deine Lehrer*innen zu akzeptieren und die geforderten (Mindest-)Leistungen in ihren Fächern zu bringen, umso schneller wirst du in der Schule vorankommen und irgendwann auch diese ungeliebten Lehrer*innen loswerden. Frage dich – gerade im Umgang mit anderen Menschen, in dem Fall eben mit deinen Lehrer*innen – immer, was genau du in einer bestimmten Situation willst. Geht es dir darum, recht zu haben, oder ist es dir doch wichtiger, erfolgreich zu sein? Beides zusammen lässt sich – meiner Erfahrung nach – so gut wie nicht erreichen.

Willst du deinen Lehrer*innen zeigen, dass du recht hast, dass sie doof, unfähig, gemein, blöd oder was auch immer sind, so kannst du das natürlich tun. Deine Lehrer*innen werden dir, unabhängig davon, wie du es ihnen »beweisen« willst, mit ziemlicher Sicherheit nicht zustimmen. Es wird sich an deiner Situation (du findest deine Lehrer*innen doof) nichts ändern, unter Umständen fühlen sich die Pädagog*innen gekränkt und behandeln dich deshalb ungerecht. Auch die (wahrgenommene) Qualität ihres Unterrichts wird dadurch nicht steigen. Legst du den Fokus auf das, was du möchtest (deine Schulzeit mit Erfolg und idealerweise auch mit hauptsächlich positiven Erfahrungen zu bewältigen), kannst du ganz anders handeln. Die Eigenheiten, Sorgen und Charakterausprägungen deiner Lehrer*innen beschäftigen dich nicht weiter, du bist auf den Unterricht fokussiert, tust dich so beim Mitlernen leichter und wirst dadurch Erfolg haben. Das wiederum wirkt sich positiv auf deine Lehrer*innen aus, sie erleben, dass sie mit ihrem Unterricht erfolgreich sind, und so wird sich auch ihre Stimmung verbessern. Du wirst nicht zu ihrem Ventil, um Frust abzulassen.

Mathematik ist mehr was für Jungs als für Mädchen.
Diesen Satz kenne ich sehr gut aus meiner eigenen Kindheit, und die ist nun schon seit ca. 30 Jahren vorbei. Auch heute begegnet mir dieser Satz immer wieder. Tatsächlich erlebte ich dies als Lehrer in der Schule nicht so. Freilich hatte ich in meinen Klassen Mädchen, die sich mit Mathematik schwerer taten als ihre Mitschüler*innen. Doch gab es immer auch Jungs, denen Mathematik nicht leichtfiel. Umgekehrt waren unter meinen »besten« Schüler*innen im Fach Mathematik mindestens genauso viele Mädchen wie Jungen. Aus meiner beruflichen Alltagserfahrung heraus kann ich dieser Aussage also nicht zustimmen.

Abhängig davon, von wem sie getroffen wird, scheinen mir unterschiedliche Motive hinter dieser Aussage zu stecken. Schülerinnen benutzen den Satz gerne als Erklärungsversuch für unterdurchschnittliche Leistungen in Mathematik. Eltern sehen darin manchmal einen Trost, wenn ihre Tochter sich in Mathematik schwertut. Lehrer*innen wiederum sehen darin eine Rechtfertigung, wenn Mädchen in ihrem Unterricht nicht so gut mitkommen wie Jungs. Meiner Meinung nach ist die Aussage, dass Mathematik mehr für Jungs als für Mädchen ist, falsch, kurzsichtig und sexistisch.

- Falsch deshalb, weil die Mathematik an sich keine Qualitäten bevorzugt, bedingt oder fördert, die bei Männern oder Frauen unterschiedlich sind. Es ist für ein gutes mathematisches Verständnis völlig egal, ob die Person in einem männlichen oder weiblichen Körper steckt. Es gibt keinen Zusammenhang zwischen Muskelstärke oder Körperbau und mathematischer Exzellenz. Wenn dem so wäre, dann wäre ein gewisser Stephen Hawking wohl kaum einer der bedeutendsten Wissenschaftler unserer Zeit geworden.

- Kurzsichtig aus dem Grund, weil es diese Annahme Mädchen und Frauen erschwert, sich mit dem Gebiet der Mathematik zu beschäftigen und sich ihm zu widmen. Jungen Frauen wird dadurch suggeriert, es handelt sich bei Mathematik um etwas, in dem sie nie solche Leistungen wie Männer werden erreichen können. Also ist es auch nicht wirklich notwendig, ja wahrscheinlich sogar Zeitverschwendung, sich damit zu beschäftigen. Durch so eine Einstellung gehen aber der Mathematik und der gesamten Menschheit mit einem Schlag die Hälfte aller ihrer Potenzialträger*innen verloren. Welch eine sinnlose Verschwendung! Unzählige begnadete Wissenschaftlerinnen – als vielleicht bekanntestes Beispiel sei hier die zweifache Nobelpreisträgerin Marie Curie erwähnt – haben mehrfach und immer wieder unter Beweis gestellt, wie wichtig es ist, niemanden aufgrund seines biologischen Geschlechtes auszugrenzen oder gar auszuschließen.

- Und zuletzt sexistisch deshalb, weil hier die Hälfte der Menschheit diskriminiert wird, wegen des biologischen Geschlechts, mit dem sie geboren wurden. Dieser Satz, auch wenn es denjenigen, die ihn äußern, in dem Moment nicht bewusst ist oder in den Sinn kommt, fördert eine bereits viel zu lang andauernde Kultur der Unterdrückung und Ausbeutung von Individuen. Wirft man einen Blick in die Geschichtsbücher der Wissenschaft, so ist die Liste der Namen herausragender Männer, die sich um die Entwicklung und den Fortschritt der Menschheit verdient gemacht haben, lang. Frauen findet man dahingegen sehr wenige in solchen Aufzählungen. Aber das liegt nicht daran, dass Frauen nicht zu solchen Leistungen imstande sind. Genau die Kultur der Unterdrückung und Benachteiligung von Frauen in der Wissenschaft hat nicht selten dazu geführt, dass Entdeckungen, Erfindungen und Erkenntnisse von »Bürohilfen«, »Sekretärinnen« oder »Assistentinnen« als bahnbrechende Errungenschaften von Männern veröffentlicht und bekannt wurden.

Meiner Erfahrung nach täten alle Beteiligten gut daran, Jungen und Mädchen gerade auch im Bereich der Naturwissenschaften und der Mathematik dieselben Fähigkeiten und Möglichkeiten zuzugestehen. Dadurch verdoppeln wir die Aussichten auf wichtige Erkenntnisse und Veränderungen in der Wissenschaft und damit in unserem Alltag. Außerdem würde es mich kein bisschen überraschen, wenn sich eine etwas »weiblichere« Mathematik deutlich positiv auf das Schulfach und dessen Erleben bei den Schüler*innen auswirken würde.

Am Ende dieses Kapitels ist es mir noch wichtig zu erwähnen, dass es hier auf keinen Fall darum geht, irgendetwas zu beschönigen, zu verdrängen, sich schönzureden oder gar zu ignorieren. In erster Linie ist es wichtig, dass du »bei dir bleibst«, auf dich und deine Bedürfnisse achtest und eine gute Verbindung zu deinen Gefühlen behältst – oder aufbaust. Es geht darum, für dich eine Wirklichkeit zu erschaffen, in der du dich wohlfühlst und in der für dich ein erfolgreiches und positives Lernen möglich und realisierbar ist. Wenn es für dich also wichtig ist und sich richtig anfühlt, etwas Bestimmtes zu denken, zu sagen oder zu tun, dann ist das so. Meiner Erfahrung nach ist es dann auch gut, sich dementsprechend zu verhalten. Achte dabei bitte stets darauf, dass du mit deinen Gedanken, Worten und Handlungen andere nicht verletzt. Wenn du diese Bitte in deinem Alltag berücksichtigen kannst, wirst du sehr gut damit »fahren«, auf dich, deine Bedürfnisse und deine Gefühle zu hören.

Wenn du der Ansicht bist, ein Perspektivenwechsel könnte für dich richtig und wichtig sein, dann mach auch das nach deinen Möglichkeiten. Die von mir vorgeschlagenen Sätze und Formulierungen stammen von mir und sind genau das: Vorschläge. Es kann sein, dass dir die Wortwahl gefällt und du sie so übernehmen möchtest. Wenn sie aber für dich nicht passen, du darüber hinaus dennoch gerne deine Perspektive und deine Gedanken verändern möchtest, finde die für dich zutreffenden und richtigen Worte. Sprich und denke genauso, wie es für dich passt. Ob andere es auch so formulieren würden oder ganz anders, ist dabei völlig egal.

Und es ist mir an dieser Stelle ganz besonders wichtig zu erwähnen: Stehe für das ein, was dir wichtig ist. Bleibe dir selbst, deinen Werten, Träumen und Visionen treu. Verstehe den beschriebenen Perspektivenwechsel nicht als Aufgabe oder gar Verrat deiner Überzeugungen. Es ist darüber hinaus eine gute Idee, für dich selber immer wieder einmal zu überprüfen, was genau deine Werte, Ziele, Visionen und Motivationen sind. So kannst du sie – bei Bedarf – deinen aktuellen Bedürfnissen anpassen und sie verändern.

Mathe im Alltag

Vielleicht hast du schon einmal den Spruch gehört oder gelesen: »Nicht für die Schule, sondern für das Leben lernen wir.« Manchmal wird der Spruch sogar auf Latein präsentiert: »Non scholae, sed vitae discimus.« Das klingt dann besonders beeindruckend und gelehrt. Dieser Satz will uns weismachen, dass wir das, was uns in der Schule als Lernstoff vorgesetzt wird, für unser späteres Leben wirklich brauchen. Klingt ja irgendwie ganz nett und scheint – geht es nach so manchen Pädagog*innen – die ideale innere Haltung für Schüler*innen zu sein.

Dieser Satz, oder besser gesagt, dieses Zitat, ist übrigens schon sehr alt. Es stammt ungefähr aus dem Jahre 60 n. Chr. und kommt von dem römischen Philosophen, Naturforscher und Denker (heute würde man wahrscheinlich einfach Wissenschaftler sagen) Lucius Seneca. Und dieses Zitat ist – und das ist das Wichtigste an der ganzen Sache – schlichtweg falsch. Seneca schrieb im Jahre 62 n. Ch. tatsächlich über das Thema Schule und Lernen, und er schrieb auch über den Zusammenhang zwischen der Schule und dem Leben. Doch lautete sein Satz im Original genau umgekehrt: »Non vitae sed scholae discimus.« Also: »Nicht für das Leben, sondern für die Schule lernen wir.« Scheinbar gab es auch damals schon das Problem, dass in den Schulen – sicherlich interessante und richtige – Inhalte vermittelt wurden, die im Alltag jedoch von geringem Nutzen waren.

Doch zur Ehrenrettung aller Lehrer*innen und Pädagog*innen sei hier gleich vorweg erwähnt: Es gibt durchaus Sinnvolles, in dem, was wir in der Schule lernen (sollen).

Also, welche Inhalte der Schul-Mathematik sind für einen in Mittel-europa lebenden Menschen im Alltag wirklich von Bedeutung? Es geht hier also um genau jene Dinge aus dem Mathematikunterricht, für die Antwort auf die auf die Frage: »Wo für brauche ich das denn überhaupt?« lautet: »Das wirst du später mal in deinem Leben brauchen können. Und du wirst froh sein, dass du es gelernt hast.« Und auf die diese Antwort auch tatsächlich zutrifft. Selbstverständlich gibt es für bestimmte Berufs-gruppen und mathematisch interessierte Menschen noch viel mehr, was sie in ihrem Alltag aus der Mathematik nutzen können und müssen. Doch hier wollen wir einen Blick auf die Dinge aus der Schul-Mathema-tik werfen, die wirklich für (fast) jeden Menschen wichtig sind.

Die vier Grundrechenarten

Zahlen sind ein täglicher Bestandteil unseres Lebens. Egal, ob beim Datum, der Zeit, beim Einkaufen, im Straßenverkehr oder vielen anderen Alltagssituationen, sehr häufig – und nicht selten sehr unbewusst – haben wir es mit Zahlen zu tun. Daher ist es für ein Leben in unserem Kultur-kreis wichtig und nützlich, sich mit Zahlen auszukennen, sie richtig lesen, deuten und mit ihnen umgehen zu können.

Dafür spielen die vier Grundrechenarten – die Addition (das Plus-Rechnen), die Subtraktion (das Minus-Rechnen), die Multiplikation (das Malnehmen) und die Division (das Teilen) – eine wichtige Rolle. Wie der Name Grundrechenarten bereits vermuten lässt, sind sie die Grundlage für das Verwenden von Zahlen. Deshalb ist es wichtig, sich darin gut und sicher auszukennen.

Aus den unterschiedlichsten Gründen – weil wir mindestens neun Schuljahre lang damit konfrontiert wurden, weil wir uns dafür interes-siert haben, weil es uns leicht gefallen ist oder (und das ist etwas sehr Wichtiges) weil wir sie einfach sehr, sehr häufig verwendet haben – ken-nen sich die meisten Menschen mit den vier Grundrechenarten (aus-reichend) gut aus. Interessanterweise fällt vielen die Addition und die Multiplikation leichter als die Subtraktion und die Division. Dies mag unter anderem daran liegen, dass beim Addieren und Multiplizieren die

Zahlen (zumindest zu Beginn unserer Schulkarriere) größer werden, beim Subtrahieren und Dividieren aber kleiner. Und »größer« wird meist mit positiv und angenehm assoziiert, wohingegen »kleiner« als negativ und unangenehm wahrgenommen wird. Ein weiterer Grund dafür ist wahrscheinlich, dass fürs schriftliche Dividieren alle anderen drei Grundrechenarten gebraucht und beherrscht werden müssen, was das Dividieren als kompliziert und schwierig erscheinen lässt. Doch zum Glück gibt es ja den Taschenrechnen bzw. heute wohl eher das Smartphone, auf die bei etwaigen mathematischen Herausforderungen zurückgegriffen werden kann.

Es erscheint mir darüber hinaus dennoch wichtig, dass wir die Ideen hinter den vier Grundrechenarten verstehen. Dass also beim Addieren eine Menge größer wird, weil etwas dazugegeben wird. Dass beim Subtrahieren eine Menge kleiner wird, weil wir davon etwas wegnehmen. Dass beim Multiplizieren eine Anzahl von etwas viel mehr wird, weil wir diese Anzahl vervielfachen. Und dass beim Dividieren eine Menge kleiner wird, weil wir sie aufteilen. Auch wenn diese kurzen Beschreibungen mathematisch korrekt nur auf die natürlichen Zahlen zutreffen, bleibt der Grundgedanke der vier Rechenoperationen derselbe. Und wie bereits erwähnt, fällt das Grundrechnen mit natürlichen Zahlen den meisten von uns relativ leicht. Das liegt wie gesagt zum einen daran, dass wir es zumindest während unserer Schulzeit sehr, sehr oft gemacht und damit geübt haben. Und wie fast alles im Leben fällt uns auch das Rechnen leicht, wenn wir es oft machen. Der zweite Grund, warum wir die vier Grundrechenarten meist irgendwann doch ganz gut beherrschen und sogar verstehen, liegt darin, dass sie für uns empirisch überprüfbar und damit nachvollziehbar sind. Und wie wir ja am Anfang des Buches gesehen haben, ist dies bei Regeln, Gesetzen, Vorschriften und Ideen in der Mathematik nicht immer der Fall. Die Schul-Mathematik – oder besser gesagt, der Mathematikunterricht – scheint sich im Laufe unserer Schulzeit sogar immer weiter vom empirisch Erfassbaren zu entfernen, was das Verstehen und Lernen der Mathematik für viele eben nicht leichter werden lässt.

Bei den vier Grundrechenarten lässt sich deren Grundidee dahingegen sehr einfach und rasch nachvollziehen. Die Addition wird verständlich, wenn ich mir zum Beispiel zu 4 Keksen noch weitere 2 dazu nehme. Dann kann ich durch Abzählen erfahren, dass 4 plus 2 gleich 6 ergibt, ich kann also den Sinn der Addition – im wahrsten Sinne des Wortes – begreifbar machen. Auch wenn ich dann davon 3 Kekse aufesse, wird für mich erlebbar, dass 6 minus 3 gleich 3 ergibt (und dass mir die Kekse schmecken). Somit wird auch die Grundidee der Subtraktion – ich nehme von einer Menge etwas weg – spürbar gemacht. Die Multiplikation – oder besser gesagt, der Gedanke hinter der Multiplikation – lässt sich leicht nachvollziehen, wenn ich nun für meine drei Geschwister auch jeweils 3 Kekse mitnehme. So habe ich statt meiner eigenen 3 Kekse nun viermal so viel, also 12 Kekse, die Menge wird vervielfacht. Und kommen dann – ganz überraschend – auch noch die beiden Nachbarskinder dazu, so werden die insgesamt 12 Kekse auf 6 Kinder gerecht – und das ist für das Verständnis der Division sehr wichtig – aufgeteilt. So erlebe ich, dass 12 auf 6 aufgeteilt 2 ergibt. Das Ergebnis der Division ist immer das, was beim gerechten Aufteilen einer oder eine bekommt. Und neben dem (unbewussten) Üben und Verstehen der vier Grundrechenarten habe ich nicht nur leckere Kekse bekommen, sondern auch noch erfahren, dass es Freude macht, mit anderen zu teilen. Mathematik ist einfach genial!

Kopfrechnen

Das Kopfrechnen ist die Form der Alltagsmathematik, die mit Abstand am häufigsten von uns benutzt wird. Meistens recht unbewusst. Auch wenn du jetzt vielleicht denkst: »Auweh, Kopfrechnen, das kann ich gar nicht!« Wie bei fast allem ist es auch beim Kopfrechnen so, dass wir durch Üben immer besser werden und es uns immer leichter fällt. Und wahrscheinlich hast du in deinem Leben das Kopfrechnen schon sehr oft geübt.

Unser erster Kontakt mit Mathematik und Rechnen ist meistens das Abzählen. Wir zählen unsere Finger, wir zählen unser Spielzeug oder wir zählen irgendwelche andere Objekte, die wir gerade zu fassen bekommen. Auch beginnen wir recht bald damit, die Objekte, mit denen wir gerade spielen, zu ordnen und einzuteilen. Was übrigens auch ein sehr mathematischer Vorgang ist. Wenn wir in die Schule kommen, beginnt dort der erste Mathematikunterricht. Und neben dem Schreiben, Lesen und Benennen der Zahlen bekommen wir es sehr bald mit den Grundrechenarten zu tun. Dabei spielt die Multiplikation eine wichtige Rolle. Wir werden relativ bald damit konfrontiert, die Malreihen, das sogenannte kleine 1x1, auswendig zu lernen. Und weil wir vergleichsweise früh damit beginnen und die Malreihen auch sehr, sehr häufig wiederholen, können wir sie irgendwann auswendig. Und zwar so gut, dass wir bei der Frage, wie viel 4 x 9 ist, nicht nachdenken (oder gar rechnen) müssen, sondern ganz automatisch mit 36 antworten. Und diese Automatismen kommen uns im Alltag beim Kopfrechnen zu Hilfe.

Kopfrechnen kommt im Alltag in verschiedensten Situationen zum Einsatz: beim Einkaufen, bei Kochrezepten, wenn es um Termine geht oder bei sonstigen Tätigkeiten, wo wir etwas abzählen, abwiegen, einteilen oder aufteilen wollen oder sollen. Und jede und jeder von uns kann das. Die eine besser, der andere vielleicht weniger gut, dennoch ausreichend gut, um ein freies, selbstbestimmtes Leben zu führen.

Möchtest du deine Kopfrechenleistung ein wenig steigern, so findest du in diesem Kapitel weiter unten ein paar einfache Methoden, Wege und praktische Tipps.

Die Kommaverschiebung

Die Kommaverschiebung ist eine geniale Sache. Sie hilft dir, bestimmte Rechenoperationen sehr rasch und einfach und – für manche ist das das Beste – ohne zu rechnen durchzuführen. Werfen wir dafür einen kurzen Blick auf unser Zahlensystem:

Wir verwenden das Dezimalzahlensystem. In unserem Alltag haben wir es also mit Dezimalzahlen zu tun. Die Vorsilbe *Dezimal-* stammt vom lateinischen Wort *decem* ab, was auf Deutsch *zehn* bedeutet. Wir nennen unser Zahlensystem Dezimalsystem, weil seine Basis die Zahl zehn ist. Deshalb haben wir auch zehn Zahlensymbole, die Ziffern 0, 1, 2, 3, 4, 5, 6, 7, 8 und 9. Mit diesen zehn Ziffern können wir jede beliebige Zahl darstellen. Dabei hängt der Wert, den eine Ziffer in einer bestimmten

Zahl hat, von der Stelle ab, an der sie in der Zahl vorkommt. Deshalb ist unser Dezimalsystem auch ein *Stellenwertsystem*. (Im Vergleich dazu ist das römische Zahlensystem kein Stellenwertsystem, die römischen Ziffern haben immer denselben Wert, egal, an welcher Stelle in einer Zahl sie vorkommen.) So besteht die Zahl 2 749 aus den vier Ziffern 2, 7, 4 und 9. Betrachtet man diese vier Ziffern einzeln, so ist 9 die Ziffer mit dem höchsten Wert, die 2 jene mit dem geringsten. Betrachten wir aber die Zahl 2 749, so ist klar, dass die 9 den geringsten Wert hat, es sind nämlich »nur« 9 Einer. In der Zahl 2 749 hat die 2 tatsächlich den höchsten Wert, sie steht in diesem Fall nämlich für 2 Tausender.

Das Komma (manchmal auch ein Punkt), das in manchen Zahlen vorkommt, hilft bei der Orientierung. Es trennt die Einerstelle von der Zehntelstelle. Viele Zahlen, die uns im Alltag begegnen, haben kein Komma, weil keines notwendig ist, um sie richtig und eindeutig lesen zu können. Und in der Mathematik wird alles, was nicht notwendig ist, sehr gerne weggelassen. Du erinnerst dich: Mathematik ist die Wissenschaft davon, es sich so einfach wie möglich zu machen. Wenn eine Zahl also über kein Komma verfügt, wurde es einfach weggelassen und du kannst es dir am Ende, hinter der letzten Ziffer, dazudenken oder -schreiben. In Bezug auf das Komma sind die Stellenwerte wie folgt verteilt:

Tausender	Hunderter	Zehner	Einer	Komma	Zehntel	Hundertstel	Tausendstel
T	H	Z	E	,	z	h	T

In dieser Tabelle sind nur die ersten vier Stellenwerte links des Kommas (oder vor dem Komma) und die erste drei Stellenwerte rechts des Kommas (oder hinter dem Komma) angeführt.

In beide Richtungen gehen die Stellenwerte im Grunde endlos weiter. Im Alltag kommen wir aber meist mit den oben angeführten aus. Stellenwerte links vom Komma werden mit Großbuchstaben abgekürzt, Stellenwerte rechts vom Komma mit Kleinbuchstaben. Vor dem Tausender (T) kommt der Zehntausender (ZT), Hunderttausender (HT), die Million (M) und immer so weiter. Nach dem Tausendstel (t) kommt das Zehntausendstel (zt), das Hunderttausendstel (ht), das Millionstel (m) usw. Der Aufbau der Stellenwerte ist also – zum Glück – recht logisch.

Durch die Kommaverschiebung ist es möglich, eine Zahl sehr rasch und einfach mit einer Zahl, an deren erster Stelle eine 1 steht und deren weitere Stellen alle nur 0en sind (also 10, 100, 1 000, 10 000 usw.) zu multiplizieren bzw. sie zu dividieren. Dafür muss jetzt nämlich nur das Komma um so viele Stellen verschoben werden, wie die 10er-Zahl Nullen hat. Und zwar beim Multiplizieren nach rechts (bzw. hinten) und beim Dividieren nach links (bzw. vorne). Das kannst du dir folgendermaßen leicht merken:

Im Alphabet kommt das D von dividieren vor dem K für Komma und das wiederum vor dem M für Multiplizieren:

*a b c **D** e f g h i j **K** l **M** n o p q r s t u v w x y z*

*Weil das **D** links (oder vor) dem **K** liegt, wird beim Dividieren das Komma nach links (oder vorne) verschoben.*

*Weil das **M** rechts (oder hinter) dem **K** liegt, wird beim Multiplizieren das Komma nach rechts (oder hinten) verschoben.*

Zugegeben, diese Eselsbrücke enthält keine mathematische Begründung, aber es ist ja auch eine Merkhilfe und soll dir den Umgang mit Zahlen erleichtern. Wenn du das Kommaverschieben einmal verstanden hast, werden dir auch viele andere Rechenschritte viel leichter fallen. Werfen wir zum Abschluss noch einen kurzen Blick auf ein paar Beispiele zum Kommaverschieben:

Zahl	Rechenoperation	Komma-verschiebung	Ergebnis
1,26	• 10	10 hat **eine Null**, also wird das Komma um **eine Stelle** nach rechts (Multiplikation) verschoben	12,6
12,6	• 1000	1000 hat **drei Nullen**, also wird das Komma um **drei Stellen** nach rechts (Multiplikation) verschoben.	12 600 (Die letzten beiden Stellen werden mit Nullen gefüllt, das Komma darf verschwinden.)
12 600	: 100	100 hat **zwei Nullen**, also wird das Komma um **zwei Stellen** nach links (Division) verschoben.	126 (Die Nullen hinter dem Komma dürfen wegbleiben, weil sie an der Zahl nichts ändern)
126	: 10 000	10 000 hat **vier Nullen**, also wird das Komma um **vier Stellen** nach links (Division) verschoben.	0,0126 (Die fehlenden Stellen vor der 1 werden mit Nullen aufgefüllt. Vor dem Komma muss immer eine Ziffer stehen, auch dort kommt eine Null hin.)

Maßeinheiten umwandeln

Ein weiterer Klassiker aus der Schul-Mathematik. Da es unterschiedliche Größen gibt, die gemessen werden können, gibt es auch unterschiedliche Einheiten, in denen die Größen gemessen werden. Dabei ist mit Größe das gemeint, was gemessen wird. Also z. B. die Länge, der Flächeninhalt, das Volumen, die Masse, die Zeit oder ein Geldbetrag. Mit Einheit ist gemeint, wie die Größe gemessen wird. So werden z. B. die Länge in Metern (m), die Fläche in Quadratmetern (m²), das Volumen in Kubikmetern (m³) oder Liter (l), die Masse in Kilogramm (kg), die Zeit in Sekunden (s) oder Geldbeträge in Euro (€) gemessen.

Hier noch einmal kurz und knackig zusammengefasst:

- **Größe:** *Was wird gemessen? (z. B. Länge, Zeit, Masse)*
- **Einheit:** *Wie wird die Größe gemessen?*
  (z. B. Meter, Sekunde, Kilogramm, ...)

Das ist soweit für die meisten von uns – eben auch für viele Kinder und Jugendliche – verständlich und nachvollziehbar. Und das ist deshalb so, weil wir die unterschiedlichen Größen im Alltag mit eben genau den dazugehörenden Einheiten kennenlernen. Wir erleben also die Zusammenhänge bzw. Zugehörigkeiten von Größen und Einheiten, erkennen, dass das einfach so ist und stellen es nicht weiter infrage. Spätestens in der Schule bekommen wir dann mit, dass es für eine Größe – nehmen wir hier z. B. die Länge – mehr als eine Einheit gibt. Hier ist nun nicht gemeint, dass es neben dem metrischen System, das z. B. in den Ländern von Kontinentaleuropa verwendet wird, auch noch andere Systeme wie das angloamerikanische Maßsystem gibt, in dem die Länge in anderen Einheiten, z. B. Zoll und Fuß, gemessen wird. Nein, damit ist gemeint, dass die Länge eben nicht nur in Metern (m), sondern eben auch in Dezimetern (dm), Zentimetern (cm), Millimetern (mm) oder Kilometern (km) angegeben werden kann. (Weitere Längeneinheiten, wie z. B. Mikrometer [µm] habe ich hier weggelassen, da sie im Alltag für die meisten von uns keine Bedeutung haben.)

Und damit fangen bei einigen von uns die Herausforderungen an. Nicht selten stellt sich die Frage: Wieso ist das so? Warum werden nicht z. B. alle Längen einfach »nur« in Meter angegeben? Darauf gibt es eine sehr einfache Antwort: Wir Menschen können am besten mit Größen in einem Intervall von 0 bis 10 Einheiten denken und arbeiten. Wieso das so ist, liegt auf der Hand – im wahrsten Sinne des Wortes. Wir haben zehn Finger, und somit ist zehn ein Zahlenraum, den wir uns sehr gut vorstellen können. Auch fällt uns das Zählen in früher Kindheit – zu Beginn unserer mathematischen Karriere – mit den Fingern besonders leicht. Ich bin mir sicher, hätten wir Menschen z. B. 8 oder 14 Finger, unser Zahlensystem würde auf genau diesen Zahlen beruhen. Wenn wir es nun in unserem Alltag mit Zahlen zu tun bekommen, wollen wir diese auch verstehen bzw. erfassen und begreifen können. Und so wurde irgendwann damit begonnen, Einheiten zu verkleinern und zu vergrößern. Der Meter wurde geschrumpft zum Dezimeter, zum Zentimeter oder zum Millimeter, am anderen Ende der Skala wurde er zum Kilometer vergrößert. Natürlich ist es möglich, jede Länge in Metern anzugeben. Doch dabei würden die Zahlen rasch unhandlich (wieder im wahrsten Sinne des Wortes – sie passen nicht mehr zu unseren zehn Fingern) werden. Um also zu vermeiden, in sehr, sehr großen Zahlen (so beträgt die Entfernung von München nach Berlin ca. 584 000 Meter) oder sehr, sehr kleinen Zahlen (die Seite dieses Buches ist ca. 0,0001 Meter dick) denken zu müssen, werden die Einheiten umgewandelt, und wir haben es wieder mit Zahlen zu tun, die uns wesentlich leichter fallen.

Das Praktische an der ganzen Sache – wenn man die Grundidee der sogenannten Vorsätze für Maßeinheiten, also die Bedeutung der unterschiedlichen Vorsilben wie Kilo-, Hekto-, Dezi-, Zenti- usw. für Maßeinheiten einmal verstanden hat – ist, dass dieses System auf (fast) alle Maßeinheiten angewendet wird. Habe ich es also erst einmal für eine Größe verstanden, so ist es für alle anderen Größen und deren Einheiten genau das gleiche Muster.

Im metrischen System werden für die Größen die sogenannten SI-Einheiten aus dem SI-System (das steht für *système international d'unités*, den französischen Ausdruck für *Internationales System der Einheiten*) verwendet. Diese Einheiten sind in allen Ländern der Welt gültig und werden auch in fast allen Ländern (mit Ausnahme einiger angloamerikanischer Länder wie z. B. den USA oder Großbritannien) benutzt. In diesem System gibt es sieben sogenannte Basiseinheiten, aus denen sich alle anderen Einheiten ableiten lassen. Diese SI-Basiseinheiten sind der Meter (m) für die Länge, das Kilogramm (kg) für die Masse, die Sekunde (s) für die Zeit, Kelvin (K) für die Temperatur, Amper (A) für die Stromstärke, Candela (cd) für die Lichtstärke und Mol (mol) für die Stoffmenge. Für unseren Alltag sind meist nur die ersten drei (m, kg und s) von Bedeutung. Für den allgemeinen Umgang mit der Temperatur ist in Europa fast überall die Einheit Grad Celsius (°C) gebräuchlich. Die restlichen vier Basiseinheiten spielen in unserem Alltag so gut wie keine bewusste Rolle für uns bzw. ist es für eine positive Alltagsbewältigung nicht wirklich relevant, diese Einheiten zu kennen.

Alle diese SI-Einheiten – mit Ausnahme der Zeit – beruhen auf einem sogenannten Dezimalsystem. Kurz und bündig ausgedrückt bedeutet das, zehn Stück einer bestimmten Einheit ergeben ein Stück der nächstgrößeren Einheit. So sind z. B. 10 Zentimeter ein Dezimeter. Umgekehrt gilt dasselbe; ein Zehntel einer bestimmten Einheit ist ein Teil der nächstkleineren Einheit. In diesem Fall entspricht ein Zehntel eines Dezimeters der Länge eines Zentimeters. Und da unser Zahlensystem auch auf der Basis Zehn aufbaut (deshalb auch der Name Dezimalsystem, vom lateinischen *decem*, was *zehn* bedeutet), fällt das Umrechnen innerhalb einer Größe von einer Einheit auf eine andere sehr leicht. Im Grunde musst du dafür gar nicht rechnen können (du erinnerst dich? In der Mathematik muss man nicht rechnen können – es schadet aber nicht); es reicht, wenn du das Komma verschiebst.

Dabei gilt für alle Einheiten folgender Zusammenhang:

Wenn du von einer größeren Einheit auf eine kleinere Einheit umrechnen willst, so musst du das Komma nach rechts (oder hinten) verschieben.

Wenn du von einer kleineren Einheit auf eine größere Einheit umrechnen willst, so musst du das Komma nach links (oder vorne) verschieben.

Um dir das mit dem Verschieben gut merken zu können, gibt es eine einfache Eselsbrücke. Und wieder einmal hilft uns ein Blick auf das Alphabet weiter:

a b c d e f **G** h i j **K** l m n o p q r s t u v w x y z

*Im Alphabet kommt das **G** vor dem **K** – eine Tatsache, die so gut wie jede und jeder von uns weiß, die oder der lesen kann. Wenn du nun vom **G** zum **K** möchtest, musst du im Alphabet nach rechts (oder weiter hinten) gehen. Wenn du aber vom **K** zum **G** möchtest, musst du im Alphabet nach links (oder weiter vorne) gehen.*

*Beim Umwandeln von der **G**rößeren Einheit zur **K**leineren wandert das Komma nach rechts (oder hinten).*

*Beim Umwandeln von der **K**leineren Einheit zur **G**rößeren wandert das Komma nach links (oder vorne).*

Ist das einmal verstanden, ist es nur noch wichtig zu wissen, um wie viele Stellen pro Vorsilbe das Komma verschoben werden muss. Das ist in der folgenden Tabelle zusammengefasst. Dabei sind nur die im Alltag häufig vorkommenden und deshalb relevanteren Vorsilben aufgelistet, die Tabelle ist also nicht vollständig. Wichtig zu wissen ist nur noch, dass sich die Verschiebung in dieser Tabelle immer auf die Grundeinheit bezieht. Mit Grundeinheit ist jene Einheit gemeint, die als Standardeinheit für die Größe genommen wird. Die Einheiten zu den einzelnen Größen sind im internationalen Einheitensystem, auch SI-System genannt, gesammelt. Hier ein kurzer Überblick über ein paar wichtige Grundeinheiten.

Größe	Grundeinheit, Symbol
Länge	Meter, m
Fläche	Quadratmeter, m²
Volumen	Kubikmeter, m³
Masse	Kilogramm, kg
Geschwindigkeit	Meter pro Sekunde, m/s

Wenn ich also z. B. von m auf km umrechnen will, muss ich das Komma einfach um drei Stellen nach links (oder vorne) verschieben. Leere Stellen werden dabei mit Nullen gefüllt. So gilt z. B.

12,5 m = 0,0125 km

Vor-silbe	Abkür-zung	Bedeutung auf Deutsch	Komma-verschiebung	Häufige Verwendung im Alltag
Kilo	K	tausend	um 3 Stellen nach links bzw. vorne	Kilogramm (kg), Kilometer (km)
Deka	Da	zehn	um 1 Stelle nach links bzw. vorne	Dekagramm (dag) (Massenangabe bei Lebensmitteln)
Dezi	D	zehntel	um 1 Stelle nach rechts bzw. hinten	Dezimeter (dm)
Centi	C	hundertstel	um 2 Stellen nach rechts bzw. hinten	Zentimeter (cm)
Milli	M	tausendstel	um 3 Stellen nach rechts bzw. hinten	Milliliter (ml)

Der Dreisatz

Der Dreisatz (österreichisch auch Schlussrechnung) ist ein weiterer Grundpfeiler der Schulmathematik. Meistens in mehr oder weniger realitätsnahe Textbeispiele verpackt, begleitet uns diese Rechenform durch unsere ersten neun Schuljahre. Die Grundidee des Dreisatzes ist einer der im Alltag am meisten genutzten Ansätze der Mathematik: Ist der Zusammenhang zwischen zwei Werten zweier unterschiedlicher Größen (z. B. zwischen Zeit und zurückgelegter Strecke) bekannt, so kann ich mithilfe dieser beiden Werte auch auf den Zusammenhang beliebiger anderer Werte dieser beiden Größen schließen. Etwas einfacher und weniger mathematisch formuliert: Wenn ich weiß, wie lange (Zeit) ich zu Fuß für eine bestimmte Weglänge (zurückgelegte Strecke) brauche, dann kann ich mir mit der Schlussrechnung berechnen, wie lange ich (bei denselben Gehbedingungen) für eine andere Weglänge brauche. Oder wie weit ich in einer bestimmten Zeit komme. Je nachdem, was bekannt und was gesucht ist. Eine genauere Anleitung zum Bearbeiten bzw. Lösen von Dreisatz-Aufgaben findest du im Kapitel »Dreisatz und Prozentrechnung«.

In der Schul-Mathematik begegnen uns zu Übungszwecken mitunter äußerst seltsame Beispiele. Auf einem Übungszettel einer meiner wundervollen Nachhilfeschüler*innen war z. B. gefragt, wie viele Melonen Franz in 120 Minuten essen kann, wenn er für eine Melone 15 Minuten braucht. An sich ist die Aufgabe nicht schwer – wenn man in der glücklichen Lage ist, die Grundidee des Dreisatzes an sich zu verstehen. Unabhängig davon bleibt man aber wahrscheinlich an der Tatsache hängen, dass es tatsächlich einen Menschen (Franz) geben soll, der zwei Stunden (120 Minuten) lang ohne Pause Melonen essen kann oder gar will. Bei diesem Tempo kommt der gute Mann in 120 Minuten auf ganze acht Melonen. Nicht auszudenken, wie es dem armen Kerl danach gehen muss. Bei solchen Fragestellungen ist es nicht verwunderlich, wenn wir von der eigentlichen Aufgabe (Wie viele Melonen schafft Franz in 120 Minuten?) abgelenkt werden. Das zeugt dann – meiner Meinung nach – weniger von mathematischem Unvermögen der abgelenkten Schüler*innen als vielmehr von hoher sozialer Kompetenz und Empathiefähigkeit. Wenn es dir in deiner

Schulzeit bei Dreisatzaufgaben auch so ergangen ist (oder vielleicht noch immer geht), so ist die Wahrscheinlichkeit hoch, dass deine Probleme weniger am Rechnen an sich als an absonderlichen Beispielen lag oder liegt.

Dass die meisten von uns im Dreisatz-Rechnen durchaus begabt sind, beweisen wir fast täglich. So fällt es uns z. B. beim Einkaufen nicht schwer, vom Preis für eine Dose Ananas auf den Preis für fünf Dosen zu schließen. An der Tankstelle ist es für uns ein leichtes, bei Kenntnis des Literpreises für einen bestimmten Treibstoff abzuschätzen, wie viel wir für eine Tankfüllung bezahlen werden. Oder wir können uns ausrechnen, wie lange wir für eine Wanderung brauchen werden, wenn wir unsere persönliche Wandergeschwindigkeit kennen. Auch wenn uns das im Alltag nicht als angewandte Mathematik vorkommt, steckt hinter all diesen Beispielen dieselbe Grundidee. Und genau darauf kommt es an bzw. genau das ist der eigentliche Sinn des Schulunterrichts (oder besser gesagt: genau das sollte der Sinn sein): dass wir uns Fähigkeiten und Denkweisen aneignen, die uns den Alltag erleichtern und uns mehr und neue Handlungsmöglichkeiten eröffnen. Und ob wir berechnen können, mit wie vielen (vielleicht sogar klimaschädlich importierten) Südfrüchten sich eine Person – die wir obendrein noch nicht einmal kennen – ihren Magen verdirbt, ist für unseren Alltag mit Sicherheit nicht wichtig. Ich zumindest habe in meinem ganzen Leben noch nie berechnet, wie viel ich, geschweige denn eine mir fremde Person essen kann. Ich kann daher nur dafür plädieren: Liebe Lehrer und Mathebuch-Autoren, denkt euch einigermaßen lebensnahe Aufgaben aus.

Prozentrechnen

Die Prozentrechnung ist eine Anwendungsform des Dreisatzes. Deshalb wird sie in der Schule sehr oft gemeinsam mit dem Dreisatz erklärt und unterrichtet. Im Alltag haben wir mit Prozenten sehr häufig zu tun: beim Einkaufen, bei Kochrezepten, bei Angaben auf Lebensmittelverpackungen, bei alkoholischen Getränken, bei Steigungen (oder Gefällen) von Straßen oder in Wahlstatistiken. Und meistens haben wir eine ungefähre Vorstellung davon, was damit gemeint ist. Das Wort *Prozent* selber stammt übrigens aus dem (alt-)Italienischen. Dort verwendete man die Worte *per cento*, was so viel wie *auf Hundert bezogen* oder *von Hundert* bedeutete. Die heutige Definition von Prozent ist im Grunde die gleiche geblieben. Ein Prozent ist ein Teil von Hundert. Eine Einheit, ein Ganzes, eine Menge wird dabei (gedanklich) in einhundert (und das ist das wichtige) gleich große Teile geteilt. Einer dieser hundert Teile entspricht dann genau einem Prozent der Grundmenge. Durch das Prozentrechnen ist es unter anderem möglich, unterschiedlich große Mengen zu vergleichen bzw. für unterschiedliche Größen allgemeingültige Angaben zu machen. So stimmt z. B. der Anteil von Linkshänder*innen von ca. 10 % sowohl für die Bevölkerung von Deutschland als auch von Österreich. In absoluten Zahlen wären das für die Bundesrepublik ca. 8,2 Millionen Menschen, was fast der gesamten Bevölkerung Österreichs (ca. 8,9 Millionen Einwohner*innen) entspricht.

In der Schule lernen wir, dass es einen Grundwert, meistens mit **G** abgekürzt, einen Anteil (oder Prozentwert), meist mit **A** bezeichnet, und einen Prozentsatz, mit **p** abgekürzt, gibt. Je nach Lehrer*in, Schultyp und Land gibt es dann unterschiedliche Wege und Erklärungsweisen, wie das Prozentrechnen »am besten« oder »am einfachsten« funktioniert. Ich habe in meiner langjährigen Arbeit mit vielen Schüler*innen und auch Erwachsenen, die die Reifeprüfung nachholen wollen, die Erfahrung gemacht, dass es nicht »eine beste« oder »die einfachste« Methode für alle gibt. Das scheint in der Tat sehr individuell zu sein und mit von den Erfahrungen der jeweiligen Person abzuhängen. Im nächsten Kapitel werde ich dir ein paar Methoden zeigen, mit denen es relativ leicht möglich ist, Prozentrechnungen zu lösen. Sollte dort – und das ist gar nicht so unwahrscheinlich – für dich nicht »die beste«, also »deine« Erklärung dabei sein, zeige ich dir im Kapitel *Praktische Tipps für deinen (Schul-) Mathematik-Alltag*, wie du zu »deiner besten« Methode kommen kannst.

Viele Wege führen zum Ziel

In der (Schul-)Mathematik gibt es für (fast) jede Fragestellung genau eine richtige Antwort. Für viele Menschen macht genau das die Schönheit und Eleganz der Mathematik aus. Es gibt eine Frage, und auf die gibt es genau eine Antwort. Klar, schlicht und eindeutig. Keine Diskussionen und auch keine Zweifel. Für durchaus nicht wenige Menschen ist Mathematik aus genau denselben Gründen überhaupt nicht schön oder elegant.

Meistens ist es die Aufgabe der Schüler*innen, genau diese eine richtige Lösung zu finden. Aus meiner Praxis weiß ich, dass sehr häufig eine bestimmte Erinnerung an den Mathematikunterricht mit genau diesem Zusammenhang zu tun hat: Unsere Lehrer*innen geben der Klasse ein Rechenbeispiel, und wir sollen es lösen. Vielleicht mit dem Mut der Verzweiflung oder einfach aus jugendlichem Pflichtbewusstsein machen wir uns also daran, das – hoffentlich richtige – Ergebnis zu berechnen. Mit der Arbeit an der Aufgabe wachsen unsere Selbstzweifel, ob das, was wir da gerade aufschreiben und ausrechnen, wohl auch stimmt, ob unsere Gedankengänge vielleicht die richtigen sind. Zögerliche Blicke nach links oder rechts zu unseren Sitznachbarn (die sicher besser in Mathematik sind, denn so doof in Mathematik wie wir ist sonst bestimmt niemand) vergrößern unsere Unsicherheit: Dort steht etwas ganz anderes im Heft als bei uns. Wenn die Zeit um und der Moment der Wahrheit gekommen ist, in dem eine bemitleidenswerte Seele aufgefordert wird, ihr errechnetes Ergebnis laut vor der ganzen Klasse zu verkünden, schicken wir ein Stoßgebet zum Himmel, damit nur ja uns nicht dieses unheilvolle Schicksal ereilt. Unsere Lehrerin wählt jemanden aus, und – noch einmal Glück gehabt – es erwischt einen unserer Klassenkameraden. Leichte Entspannung setzt ein. Als wir nun das von ihm mit zitternder Stimme – oder sind es unsere Ohren, die noch zittern? – verkündete Ergebnis hören, ist die Überraschung groß: Anstatt der drei gefürchteten Worte »Das ist falsch« hören wir unsere Lehrerin mit einem Lächeln im Gesicht »Sehr gut, das ist richtig« durch die Klasse trällern. Unglaublich, dieser Glückspilz. Als nun von der Lehrerin auch noch der richtige Rechenweg an der Tafel vorgeführt wird, wandert unser Blick in unser Heft mit der Gewissheit im Kopf, dass das Ergebnis, das wir haben, ein ganz anderes – und somit falsches – ist. Doch nein, wie ist das möglich? Wir sind doch tatsächlich auf dasselbe – und somit richtige – Ergebnis wie unser Klassenkamerad gekommen. Allerdings hat unser Rechenweg gar nichts mit dem zu tun, was unsere Lehrerin gerade an der Tafel aufschreibt und erklärt. Dass wir das richtige

Ergebnis berechnet haben, muss also ein sehr glücklicher – und leider viel zu seltener – Zufall gewesen sein. Und weil wir – von der Möglichkeit, aufgerufen zu werden und unser Ergebnis vor der ganzen Klasse verkünden zu müssen, noch immer geschockt – den Ausführungen unserer Lehrerin an der Tafel nicht von Anfang an gefolgt sind, verstehen wir den Rest ihrer mit einem Lächeln verkündeten Gedankengänge nicht. Und wissen einmal mehr mit Sicherheit: Für Mathematik sind wir einfach zu dumm.

So oder so ähnlich erleben viele meiner Nachhilfeschüler*innen den Mathematikunterricht in ihrer Schule. Und wann immer unser Gespräch auf dieses Thema kommt, hilft ihnen die Erkenntnis weiter:

Viele Wege führen zum Ziel.

In der Mathematik gibt es für eine Frage- bzw. Aufgabenstellung genau ein richtiges Ergebnis. Doch es gibt so gut wie keine Aufgabenstellung, bei der nicht mindestens zwei unterschiedliche Wege zum richtigen Ergebnis führen. Anders ausgedrückt: Wenn fünf Schüler*innen ein und dieselbe Mathematikaufgabe lösen sollen (und auch zum richtigen Ergebnis kommen), ist die Wahrscheinlichkeit sehr hoch, dass alle fünf jeweils einen (zumindest teilweise) anderen Weg zur Lösung gehen. Das ist ganz normal. Und das ist auch gut so. Leider ist das Schüler*innen nicht immer bewusst. Das liegt zum einen daran, dass wir in unserer Gesellschaft (spätestens in der Schule) zu der Überzeugung erzogen werden, dass es Personen gibt – die Lehrer*innen bzw. Erwachsenen –, die wissen, was richtig ist, und dass es Personen gibt – die Schüler*innen bzw. Kinder oder Jugendlichen –, die das nicht wissen. Deshalb erscheint uns das, was von den Erwachsenen kommt, als richtig, bzw. sind wir überzeugt, dass es die (einzige) Wahrheit ist. Im Gegensatz dazu schwindet unser Selbstvertrauen bzw. unser Selbstbewusstsein in Bezug auf die Richtigkeit unserer Gedanken.

Dieses Phänomen tritt besonders dann auf, wenn es sich um Themen handelt, bei denen wir uns unsicher fühlen und mit denen wir erst wenige bis gar keine Erfahrungen gemacht haben. Genau deshalb ist ja auch die Phase der frühen Kindheit für uns Menschen so wichtig und prägend. In dieser Zeit sind wir stark beeinflusst von den Menschen in unserer Umgebung, und unser Selbstwert und Selbstvertrauen entwickeln sich entsprechend unserer damaligen Erfahrungen. Deshalb gehört es mit zu den wichtigsten Aufgaben von Lehrer*innen, alle ihre Schüler*innen zu ermutigen und darin zu bestärken, sich ihre eigenen Gedanken zu machen. Es ist unendlich wichtig, dass Kinder und Jugendliche darin gefördert werden, ja dazu angehalten werden, ihre eigenen Ideen zu entwickeln und Probleme bzw. Aufgabenstellungen durch selbstständiges Denken und Überlegen zu lösen.

Zum anderen mag das Unwissen vieler Schüler*innen über die Tatsache, dass es unterschiedliche Wege gibt, die zur Lösung führen, daran liegen, dass es Erwachsenen im Allgemeinen und Lehrer*innen im Speziellen oftmals als der leichtere, einfachere und vor allem schnellere Weg erscheint, Kinder und Jugendliche in eben diesem Glauben zu belassen. Wenn ich (als Erwachsener) es mit Menschen (Kindern, Jugendlichen bzw. Schüler*innen) zu tun habe, die alles annehmen, was ich ihnen sage, und mich nicht infrage stellen, ist mein Energieaufwand (kurzfristig betrachtet) sehr gering. Gerade dann, wenn ich es mit sehr vielen jungen Menschen – wie dies in den meisten Schulklassen der Fall ist – zu tun habe, erscheint dieser Ansatz sehr verlockend und auf kurze Sicht tatsächlich sehr effizient. Doch leider geht damit auch sehr schnell die Freude und Begeisterung bei den jungen Menschen verloren. Und es schadet auf lange Sicht massiv dem Selbstwertgefühl und dem Selbstvertrauen der Betroffenen. Schüler*innen, die immer wieder erleben, dass ihre Überlegungen im besten Fall falsch und im schlimmsten Fall unerwünscht sind, hören irgendwann damit auf, sich ihre eigenen Gedanken zu machen. Sie resignieren in Anbetracht der scheinbar übermächtigen Erwachsenen, die immer alles besser wissen als sie selbst. Und so kommt es dazu, dass – eigentlich unbegründete und falsche – Selbstzweifel als wahr und richtig akzeptiert werden. Ein Zustand, den eigentlich niemand will.

Wie also damit umgehen? Sicherlich ist es von Vorteil, wenn junge Menschen die Erfahrungen und Weisheit von älteren Personen beachten und berücksichtigen. Und natürlich ist es z. B. für einen positiven Unterricht notwendig, dass nicht jedes Wort, das die Lehrer*innen sagen, sofort hinterfragt und angezweifelt wird. Doch darüber hinaus ist es wichtig, dass

Menschen (vor allem in jungen Jahren) dazu ermutigt werden, sich ihre eigenen Gedanken zu machen und – wenn sie es wollen – neue Lösungswege zu finden.

Kommen wir zum Thema Mathematik zurück. Es ist in der heutigen Form der Schul-Mathematik tatsächlich so, dass es für die dortigen Aufgabenstellungen fast immer nur eine einzige richtige Lösung gibt. Das ist wichtig, damit die Ergebnisse rasch kontrolliert, miteinander verglichen und (wenn gewünscht) bewertet werden können. Genauso wahr ist es aber auch, dass es für fast jede Aufgabenstellung viele unterschiedliche Lösungsansätze gibt. Und welcher dieser möglichen Wege gewählt wird, sollte einzig und allein von der Person abhängen, die ihn gehen will: den Schüler*innen. Nun kann es sein, dass du das (aus den weiter oben genannten Gründen) in deiner Schulzeit so nicht erlebst bzw. erlebt hast. Dann kannst du es ab sofort ändern. Wenn du eine Aufgabe lösen willst (oder wohl eher musst – selten »wollen« Schüler*innen Mathematikaufgaben lösen), sei dir folgender Aspekte bewusst:

Solange du mit deinem Weg in einem angemessenen Zeitraum und mit angemessenem Aufwand zum richtigen Ergebnis kommst und du diesen Weg auch noch in deinem Heft wiedergeben kannst, gehe ihn.

Mit angemessenem Zeitraum ist gemeint, dass du für eine Rechnung, die in fünf Minuten zu lösen ist, nicht 15 Minuten oder länger brauchst. Das wäre nämlich bei einer Prüfung oder einem Test doof, weil du dann sicherlich mit der Zeit nicht auskommst. Dass du deinen Rechenweg in deinem Heft wiedergeben kannst, ist wichtig, damit ihn deine Lehrer*innen nachvollziehen können. Oft reicht es ihnen nämlich nicht, wenn du nur das richtige Ergebnis aufschreibst, vielmehr ist der Rechenweg von Interesse. Durch das Aufschreiben des Rechenweges – auch wenn dir das manchmal lästig oder gar unnötig erscheint – zeigst du deinen Lehrer*innen, dass du zum selbstständigen Lösen der Aufgaben imstande bist. Es ist nicht wichtig, ob es derselbe Weg ist, den dir deine Lehrer*innen vorgezeigt haben. Sie haben dir den nach ihrem Wissen und Gewissen besten, schnellsten oder vielleicht einfachsten Weg gezeigt. Doch das muss nicht auch heißen, dass es der für dich beste, schnellste oder einfachste Weg ist. Wenn du also bei einem bestimmten Thema in Mathematik für dich einen anderen Lösungsweg gefunden hast, den du verstehst, mit dem du in angemessener Zeit und mit angemessenem Aufwand zur richtigen Lösung kommst, dann benutze diesen Weg. Die einzige Ausnahme stellen Aufgaben dar, bei denen ein bestimmtes Lösungsverfahren vorgegeben bzw. verlangt wird.

Kopfrechnen leicht gemacht

Wie bereits etwas weiter oben angekündigt, schauen wir uns nun ein paar einfache Methoden, Wege und Tipps an, wie du dir das Kopfrechnen im Alltag wesentlich erleichtern kannst.

Runden und die Überschlagsrechnung

Mathematik ist eine sehr genaue und exakte Wissenschaft. Es gibt richtig und falsch, ein Ergebnis stimmt oder es stimmt eben nicht. Da kann man – zum Leidwesen so mancher Schüler*innen – leider nichts wegdiskutieren. Doch im Alltag sieht die Sache schon etwas anders aus. Natürlich gelten auch hier alle mathematischen Gesetze genauso wie in der Schule oder in der Wissenschaft. Allerdings stellt sich mir im Alltag auch die Frage: Wie genau muss mein Ergebnis sein? Wenn du z.B. Einkaufen gehst, hast du es mit Zahlen in Form der Preise zu tun. Aus psychologischen Gründen treffen wir dort vor allem auf viele Neuner. Ein Kilo Äpfel kostet z.B. 0,99 €, eine Packung Haferflocken in Bio-Qualität gibt es für 1,29 € oder die Familienpackung Toilettenpapier kostet 1,99 €. Solche Zahlen im Kopf rasch – und vor allem richtig – zu addieren ist möglich, braucht aber Übung und den Willen dazu. Viel einfacher ist es, die Preise aufzurunden. (Aufrunden hat auch den Vorteil, dass ich beim Bezahlen sicher nicht mehr zu zahlen habe, als ich mir im Kopf ausgerechnet habe – vorausgesetzt, ich habe richtig gerechnet.) Für unseren Alltag ist es also sinnvoll und zulässig, Zahlen zu runden, um leichter mit ihnen rechnen zu können.

Auch die Überschlagsrechnung ist im Alltag sehr hilfreich. Sie stellt eine besondere Form des Rundens dar. Dabei werden Zahlen zunächst auf

ganze Zehner, Hunderter, Tausender usw. vereinfacht. Mit diesen »glatten«
Zahlen wird dann die gewünschte Rechenoperation durchgeführt.

Zerlege die Zahlen, mit denen du rechnen musst

Meistens ist es von Vorteil, Zahlen, die du nicht rasch im Kopf berechnen
kannst, zu zerlegen. So scheint die Addition 237 + 482 auf den ersten Blick
vielleicht kompliziert. Einfacher wird es, wenn du dabei schrittweise vorgehst:

* Zerlege die 482 gedanklich in 400 + 80 + 2.
* Addiere dann zu den 237 als erstes 400. Dass hierbei 637
  rauskommt, ist rasch berechnet.
* Im nächsten Schritt addiere die 80. Somit ergibt sich aus 637 + 80
  die Zahl 717.
* Nun musst du nur noch die 2 addieren und bekommst das richtige
  Ergebnis: 719.

Diese Methode des Zerlegens funktioniert übrigens auch sehr gut für die
Subtraktion. Auch beim Multiplizieren ist Zerlegen sehr hilfreich. Nehmen wir als Beispiel die Multiplikation 235 • 16. Anstatt 235 gleich mit
16 zu multiplizieren, multipliziere ich 235 zuerst mit 10, dann mit 6 und
zum Schluss addiere ich die beiden Zwischenergebnisse.

* 235 • 10 ergibt 2 350. Hier muss ich nur eine Null anhängen.
* 235 • 6 erscheint vielleicht knifflig. In diesem Fall kann ich wieder
  zerlegen. Statt 235 nehme ich 200 + 30 + 5.
* 200 • 6 ergibt 1 200.
* 2 350 + 1 200 ergibt 3 550.
* 30 • 6 ergibt 180.
* 3 550 + 180 ergibt 3 730. (Auch für diese Addition ist ein
  Zerlegen – 3 550 + 100 + 80 – möglich.)
* 5 • 6 ergibt 30.
* 3 730 + 30 ergibt 3 760. Und schon habe ich das Ergebnis der
  Multiplikation von 235 • 16.

Mit der Zeit (und mit etwas Übung) wird dir das Kopfrechnen immer leichter und leichter fallen. Es gibt natürlich noch viele andere Tipps und Tricks, mit denen du dir das Kopfrechnen erleichtern kannst. Da es zu diesem Thema aber bereits sehr gute Literatur gibt und ein tieferer Einstieg in die Thematik »einfaches Kopfrechnen« den Rahmen dieses Buches sprengen würde, belasse ich es bei diesen beiden simplen und sehr wirkungsvollen Tipps. Wenn du mehr über dieses Thema wissen möchtest, empfehle ich dir die Bücher »Mathe-Magie« von Benjamin und Shermer und »Schnelle & effektive Kopfrechentricks« von Bauer und Elle.

»Traue keiner Statistik, ...

... die du nicht selber gefälscht hast.« Dieser Ausspruch leitet sich von einem Zitat des britischen Politikers Winston Churchill ab, das dieser zu Beginn der 1940er-Jahre gemacht haben soll. Churchill hat damals angeblich gesagt: »Ich traue keiner Statistik, die ich nicht selber gefälscht habe.« Angeblich deshalb, weil es dafür bis heute keine eindeutigen Beweise gibt. Eine Theorie zu dem Zitat lautet, es sei Churchill von der Propaganda-Maschinerie des Dritten Reiches in den Mund gelegt worden. Sei es, wie es ist, der Ausspruch »Traue keiner Statistik, die du nicht selber gefälscht hast« passt ganz hervorragend als Einleitung für diesen Abschnitt. Es geht nun nämlich um Statistik.

Statistik ist laut Duden »die Wissenschaft von der zahlenmäßigen Erfassung, Untersuchung und Auswertung von Massenerscheinungen«. Anders ausgedrückt, beschäftigt sich die Statistik mit dem Sammeln, dem Auswerten und dem Darstellen von Daten. Eine zweite Bedeutung des Wortes ist nicht die Wissenschaft an sich, sondern die (meistens grafische) Darstellung einer Auswertung. Wenn wir also z. B. nach einer Wahl die Wahlergebnisse in einer Grafik dargestellt sehen, sprechen wir in Bezug auf diese Grafik von einer Statistik. In diesem Abschnitt geht es vor allem um Statistik im Sinne der zweiten Bedeutung.

Vielleicht fragst du dich jetzt, was genau das Thema Statistik mit unserem Alltag zu tun hat? Nun, Statistiken begegnen uns sehr häufig in unserem Leben, wahrscheinlich häufiger, als wir sie bewusst wahrnehmen, und sie sind auch sehr nützlich. Mithilfe von Statistiken können Sachzusammenhänge sehr rasch und übersichtlich dargestellt werden. Unser Auge erfasst ein Bild – und die Informationen daraus – wesentlich schneller als einen Text und dessen Inhalt. Also schaffen Statistiken Übersicht und sparen Zeit beim Lesen. Statistiken ermöglichen es, Zusammenhänge zwischen zwei (oder mehreren) Ereignissen, Größen oder Kriterien einfach, rasch und (meistens) nachvollziehbar darzustellen. So kann mit ihrer Hilfe auch eine sehr große Datenmenge verarbeitet und präsentiert werden. Statistiken in grafischer Form sind außerdem auch für Menschen, die nicht lesen können, als Informationsquelle geeignet – wenn sie eine kurze Erklärung dazu bekommen.

Allerdings ist es mit Statistiken, und besonders mit grafischen Darstellungen, relativ einfach, Menschen zu täuschen bzw. zu manipulieren. Eine Grafik wirkt verständlich und überzeugend, und nicht immer nehmen wir uns ausreichend Zeit, um sie genauer anzuschauen oder gar zu hinterfragen. Auch sind – nicht zuletzt aufgrund der vereinfachten und zusammenfassenden Darstellung der Daten – in Statistiken Zusammenhänge oder Wechselwirkungen zwischen den präsentierten Daten simplifiziert und gekürzt wiedergegeben. Dadurch kann es schnell passieren, dass uns eine Statistik mit dem passenden – meistens bewusst kurz gehaltenen – Begleittext von einer »Tatsache« überzeugt, die bei genauerer Betrachtung gar nicht so eindeutig ist. So einfach es ist, mit Statistiken zu täuschen oder zu manipulieren, so einfach ist es – zum Glück – auch, sich vor diesen Täuschungen zu schützen. Dazu musst du wissen, wie du sie richtig lesen musst. Das klingt jetzt vielleicht herausfordernd oder kompliziert, doch das geht sehr einfach und wird dir schnell leichtfallen (und sogar Freude machen). Im bewussten Umgang mit Statistiken ist es notwendig, sich mit folgenden Fragen zu beschäftigen:

Von wem stammt die Statistik?

Wann immer wir es mit einer Statistik zu tun haben, gibt es jemanden, der sie erstellt oder der sie in Auftrag gegeben hat. Wer sind die Autor*innen der Statistik, die ich vor mir habe? Dies ist vor allem deshalb interessant, weil wir Menschen dazu neigen, unsere eigene Sichtweise, unsere Werte und Überzeugungen bzw. unsere bisherigen Lebenserfahrungen in das Erstellen von Statistiken mit einfließen zu lassen. Das passiert bei so gut wie jeder Statistik. Heutzutage ist das – zum Glück – fast allen Wissenschaftler*innen bekannt und wird deshalb beim Verarbeiten, Erstellen und Präsentieren rein wissenschaftlicher Daten berücksichtigt. In der Werbung, der Wirtschaft und in der Politik ist der Einfluss der Personen, die Statistiken erstellen, auf das Endprodukt natürlich genauso hoch. Und vor allem in diesen Bereichen wird die mögliche Einflussnahme durchaus auch bewusst genutzt. So wird eine Statistik über die Bedürfnisse von Bürger*innen, die von einer bestimmten Partei erstellt wurde, mit Sicherheit genau diese Bedürfnisse als besonders wichtig wiedergeben, die auch von der Partei als wesentlich erachtet werden. Personen, die eine Übersicht über die Vor- und Nachteile bestimmter Ernährungsweisen veröffentlichen, werden die von ihnen bevorzugte Methode oder Diät im Vergleich zu anderen Alternativen besser darstellen. Auch werden bei der Unterstützung eines bestimmten Arguments oder einer Idee genau jene Daten, Zusammenhänge oder Werte statistisch dargestellt werden, die das betreffende Argument oder eben die Idee stärken und als begründet darstellen.

Nehmen wir als Beispiel die geplante Errichtung einer neuen Umgehungsstraße. Befürworter*innen des Projekts werden Statistiken erstellen, die zeigen, wie viele neue Arbeitsplätze die Straße bringt, wie hoch die Zeitersparnis für Pendler*innen ist, wie die Lebensqualität für die Bewohner*innen im Ort steigt oder welche positiven Auswirkungen das Projekt auf die gesamte Wirtschaft haben kann. Gegner*innen der neuen Umgehungsstraße arbeiten in Statistiken wahrscheinlich eher die negativen Auswirkungen auf die Tier- und Pflanzenwelt heraus, die hohen Kosten und wie das Geld für andere Projekte besser genutzt werden kann oder welche nachteiligen Effekte auf das Landschaftsbild und den Tourismus die Realisierung der neuen Straße haben wird.

Woher stammen die Daten?
Unter anderem haben folgende Aspekte auf die in der Statistik präsentierten Zusammenhänge einen wesentlichen Einfluss:

- *Alter der Daten:* Sind die präsentierten Informationen aktuell oder schon veraltet? Ob Daten aktuell oder zu alt sind, hängt auch vom Thema der Statistik ab. So wird Zeit auf z. B. die Herkunft der Bevölkerung einer Stadt keinen so großen Einfluss haben wie auf die Zufriedenheit mit der aktuellen politischen Lage. Eignen sich für eine Statistik zur Herkunft Daten, die vor ein oder zwei Jahren erhoben wurden, so kann sich die Zufriedenheit mit der Politik sehr rasch ändern und Daten, die vor vier Monaten erhoben wurden, können bereits veraltet sein.

- *Kultureller und sozialer Hintergrund:* Je nachdem aus welchem Kulturkreis bestimmte Informationen stammen, werden sie meist nur dafür repräsentativ sein. Auch hierbei ist es wichtig, mögliche Zusammenhänge zwischen dem Thema der Statistik und dem kulturellen Umfeld der Datenerhebung zu beachten. Dies spielt vor allem dann eine wichtige Rolle, wenn kulturell geprägte Aspekte wie Werte, Ideale oder Prinzipien auf die erhobenen Daten einen wesentlichen Einfluss haben. So werden Antworten auf die Frage »Welchen Stellenwert hat für Sie eine hohe Schulausbildung?« je nach sozialer Herkunft der Befragten sehr unterschiedliche Ergebnisse hervorbringen.

- *Alter:* Genauso spielt das Alter der Befragten eine wichtige Rolle für die Aussagekraft der gesammelten Daten. Junge Menschen haben zu Fragen der Nachhaltigkeit, des Umweltschutzes oder der Familienplanung sicherlich ganz andere Standpunkte und Vorstellungen als ältere Menschen. Auch bei den Themen medizinische Versorgung, Bedarf an klassischen Kulturangeboten, Mobilität oder Nutzungsverhalten moderner Medien werden altersbedingt große Unterschiede bei den Befragten auftreten.

- *Geschlecht:* Je mehr Einfluss das biologische Geschlecht auf ein Thema hat, umso wichtiger ist es auch zu wissen, wie die geschlechtliche Verteilung der Befragten aussieht. So haben Frauen vermutlich eine ganz andere Meinung zum Umgang mit dem Thema Schwangerschaftsabbruch als Männer.

- *Anzahl der Befragten:* Gerade in der Statistik ist die Anzahl der durchgeführten Experimente bzw. der befragten Personen, um zu bestimmten Daten zu gelangen, von großer Bedeutung. Gute Statistiken, die nicht manipulieren wollen, geben deshalb immer den Stichprobenumfang bzw. die Anzahl an befragten Personen an. Fehlen diese Angaben bzw. sind sie nicht durch Recherche rasch und einfach zu bekommen, sind solche Statistiken mit Vorsicht zu genießen.

- *Geografischer Ursprung:* Ähnlich dem kulturellen und sozialen Umfeld hat auch der geografische Ursprung Auswirkungen auf die Aussagekraft einer Statistik. In Ländern mit vielen Sonnenstunden im Jahr wird der durchschnittliche Vitamin-D3-Spiegel der Bevölkerung ein anderer sein als in nördlichen Ländern mit weniger direkter Sonneneinstrahlung. Auch wird die Angst vor Naturkatastrophen in Regionen, wo diese häufiger auftreten, wesentlich größer sein als in Ländern, die nur sehr selten von massiven Naturphänomenen betroffen sind.

Wer veröffentlicht die Statistik?

Eine ähnliche Rolle wie der Einfluss der Autor*innen einer Statistik spielt auch die Rolle der Personen, die sie verwenden bzw. veröffentlichen. In einem Fachmagazin für Fleischhauer und Metzger wird das Thema vegane Ernährung sicherlich anders präsentiert, diskutiert und dargestellt als in einer Zeitschrift für alternative Lebensweisen. Eine konservative Partei wird zum Thema Immigration mit anderen Zahlen und Statistiken aufwarten als eine Partei, die im linke Politspektrum beheimatet ist. Interessensvertretungen werden Statistiken verwenden, die ihre Ideen, Ansichten und Wertvorstellungen untermauern und als »richtig« dastehen lassen. In einer Debatte rund um die Planung einer neuen Autobahn werden Befürworter*innen des Projekts mit Zahl und Statistiken zu Themen wie Zeitersparnis, neue Arbeitsplätze oder regionaler Wertsteigerung argumentieren. Gegner*innen des geplanten Bauvorhabens warten vermutlich mit Zahlen und Diagrammen zur Lärmbelästigung, Umweltverschmutzung oder Anzahl bedrohter Tierarten auf.

Wie sieht es mit der (Achsen-)Beschriftung von Diagrammen aus?

Sehr häufig werden Statistiken in sogenannten Diagrammen dargestellt. Dabei sind meistens Linien, Punkte, Säulen, Balken oder Kreise in unterschiedlichsten Farben abgebildet, die über statistisch erhobene »Tatsachen« und »Fakten« informieren wollen. Bei der Betrachtung solcher Grafiken ist aber immer Vorsicht geboten: Auch wenn für zwei Statistiken zu einem bestimmten Thema ein und dieselben Daten als Grundlage verwendet wurden, können dennoch – je nach Bedarf – ganz unterschiedliche Grafiken entstehen. Dabei sind die Manipulationsmöglichkeiten vielfältig. Angefangen von der Skalierung – der Einteilung der abgebildeten Einheiten – eines Diagramms über das bewusste Weglassen bestimmter Bereiche bis hin zum gezielten Einsatz bestimmter Begriffe als Über- oder Unterschrift von Grafiken. All das sind Methoden, die auf den ersten Blick völlig unterschiedliche Ergebnisse liefern.

Hier ein kurzes Beispiel. Allen folgenden Diagrammen liegt derselbe Datensatz zugrunde. Die Grafiken sollen dabei jeweils die Entwicklung des Umsatzes in einem bestimmten Zeitraum in einem Unternehmen zeigen.

Diagramm 1: Hier sind die Daten ohne jegliche »Bearbeitung« dargestellt. Die waagrechte Achse umfasst ein volles Jahr (alle zwölf Monate sind abgebildet), die senkrechte Achse zeigt ein Intervall von 0 € bis 1,4 Millionen €.

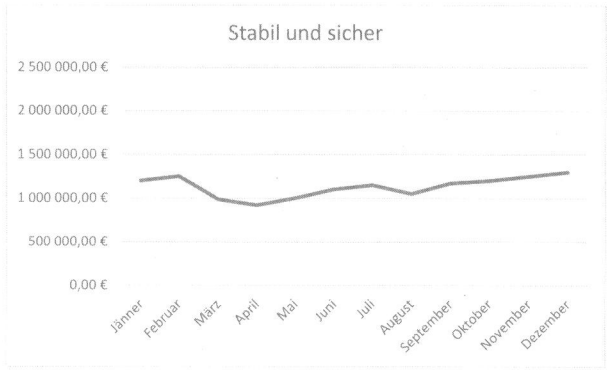

Diagramm 2: Die Kurve der Umsatzentwicklung in dieser Grafik sieht sehr konstant aus und wirkt »verlässlich«. Auch die Diagrammüberschrift suggeriert diese »Tatsache«. Bei genauerer Betrachtung fällt auf, dass die linke (senkrechte) Achse in diesem Diagramm von 0 bis 2,5 Millionen € reicht. Durch das Vergrößern des Achsenintervalls im Vergleich zur ersten Grafik wird die Kurve gestaucht, Schwankungen fallen dadurch nicht mehr so stark auf.

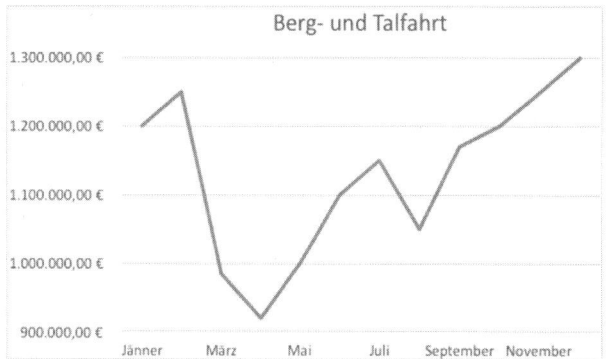

Diagramm 3: Dieses Unternehmen scheint ein sehr turbulentes und unzuverlässiges Geschäftsjahr hinter sich zu haben. Auch hier fördert die Überschrift »Berg- und Talfahrt« diese Vermutung. Tatsächlich wurde hier nur die Skalierung der linken (senkrechten) Achse verändert. Bei gleichbleibender Intervallobergrenze zu Diagramm 1 wird hier erst bei 900 000 €

gestartet. Dadurch wird die Umsatzkurve gestreckt, und es tritt genau der gegenteilige Effekt zu Diagramm 2 auf. Hier wirken Schwankungen und Veränderungen nun noch massiver und fallen deutlich stärker auf.

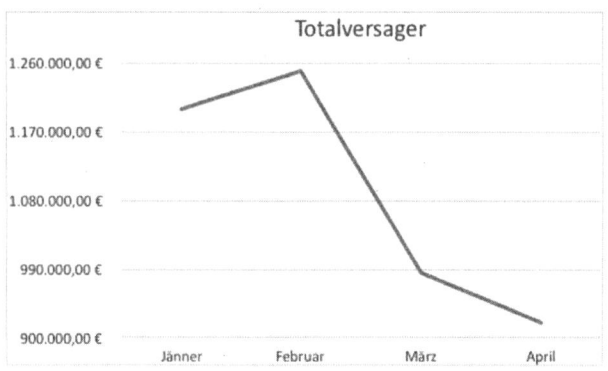

Diagramm 4: Ein Blick auf diese Grafik lässt – genauso wie der Titel des Diagramms – vermuten, dass es diesem Unternehmen mies geht. Es scheint einen massiven Umsatzeinbruch zu geben, dessen Ende noch nicht in Sicht ist. Tatsächlich wurden hier lediglich die beiden Achsen verändert. Auf der waagerechten Zeitachse ist nur das erste Jahresdrittel (Januar bis April) dargestellt, auf der senkrechten Achse wurde das Intervall auf 900 000 € bis 1,25 Millionen € verändert. Diese Darstellung lässt die Verantwortlichen für den Umsatz wahrlich nicht in einem guten Licht dastehen.

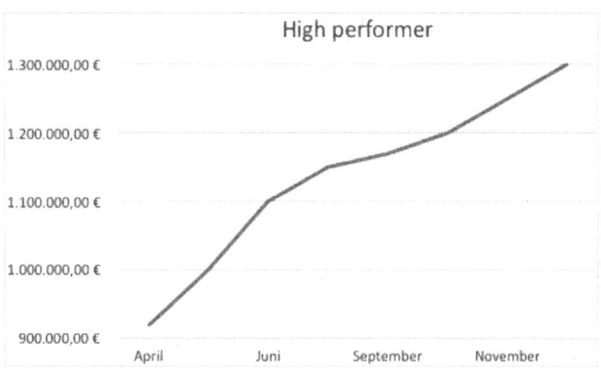

Diagramm 5: Ganz anders sieht es in diesem Diagramm aus. Erfolgreiches Wachstum auf ganzer Linie, nie kommt es zu einem Einbruch, der Anstieg scheint nicht enden zu wollen. Die Verantwortlichen müssen wahre Experten auf ihrem Gebiet sein. Ein genauer Blick auf die Grafik zeigt, dass auch hier mehrfach manipuliert wurde. Die Zeitachse reicht »nur« von April bis Dezember, außerdem wurde der Umsatzeinbruch im August einfach weggelassen. Die senkrechte Achse zeigt ein Intervall von 900 000 € bis 1,3 Millionen €, was zu einer Streckung der Kurve führt, wodurch diese wesentlich steiler erscheint.

Welche Bedeutung hat die Statistik für mich bzw. mein Leben?
Damit sind wir bei der wahrscheinlich wichtigsten Frage in Bezug auf das Thema Statistiken angekommen. Ganz egal, was für ein Thema eine Statistik darstellt, wie ehrlich oder manipulativ sie gestaltet ist, woher sie kommt, wer sie erstellt hat oder was der Hintergedanke bei ihrer Veröffentlichung war: Letzten Endes ist für dich entscheidend, welche Bedeutung du ihr in Bezug auf dein Leben, deinen Alltag gibst. Je mehr dich das Thema, um das es sich bei der Statistik dreht, interessiert bzw. betrifft, umso wichtiger ist es für dich, die Grafiken und Informationen möglichst genau zu betrachten und zu überprüfen. Woher kommen die Daten, was genau ist dargestellt, wer hat die Daten erhoben, wer veröffentlicht sie, wie genau sieht es mit der grafischen Darstellung aus? Die eben beschriebenen Fragen gewinnen dann für dich an Relevanz.

Vor allem, wenn du Statistiken oder statistisch erhobene Daten als Entscheidungsgrundlage für wichtige Schritte in deinem Leben verwenden willst, ist ein zweiter, dritter oder gar vierter Blick ratsam. Im Idealfall zeigst du deine Informationsquellen auch noch anderen Personen, die dir nahestehen, die dich kennen und – und das ist besonders wichtig – denen du vertraust. Bekanntlich sehen vier Augen mehr als zwei, und wir Menschen neigen dazu, das zu sehen, was wir sehen wollen. Liebäugeln wir z. B. mit dem Gedanken, Geld in Aktien zu investieren, tendieren wir dazu, eine bestimmte Anlageform als gut und sicher zu betrachten, einfach deshalb, weil wir wollen, dass es so ist. Dieses Verhalten ist nur allzu menschlich. Eine von der Entscheidung nicht betroffene Person kann uns hier zu mehr Objektivität verhelfen. Haben wir es hingegen mit Informationen bzw. Statistiken zu tun, die für unseren Alltag so gut wie keine Relevanz haben, lohnt sich auch eine genauere Betrachtung nicht – es sei denn, aus purer Freude am Tun und am Entdecken von etwaigen »Manipulationsversuchen« der Autor*innen.

Noch etwas Wichtiges zum Abschluss: Viele Statistiken, mit denen wir es im Alltag zu tun haben, sind nach bestem Wissen und Gewissen erstellt und veröffentlicht worden. In den meisten Fällen wurde streng nach den allgemeingültigen Regeln des wissenschaftlichen Arbeitens vorgegangen, und beim Erstellen wurde auf größtmögliche Objektivität Wert gelegt. Dennoch kommt es immer wieder vor, dass Statistiken zum Zwecke der Manipulation und Täuschung eingesetzt werden. Da du aber nun über diese Tatsache informiert bist, wird es dir immer leichter fallen, dich davor zu schützen bzw. erst gar nicht auf solche »faulen Äpfel« reinzufallen. Gute, objektive und wissenschaftliche Statistiken werden immer alle Informationen und Antworten auf die obigen Fragen mitliefern, sie werden also transparent und nachvollziehbar sein. Sollten diese Informationen nicht direkt in der Grafik enthalten sein, so kann dies auch daran liegen, dass sie so einfach wie möglich gehalten wurde. Dann ist es aber meistens sehr leicht, durch kurze Recherche die nötigen Antworten zu bekommen. Fehlen diese Informationen komplett und hilft auch eine Recherche nicht weiter, sind solche Statistiken in der Regel bewusst manipulativ und die Autor*innen wollen ihre wahre Absichten nicht preisgeben. Von solchen Statistiken ist es besser, die Finger zu lassen. Statistisch betrachtet.

Computer und Mathematik

Zum Abschluss dieses Kapitels möchte ich noch einen kurzen Blick auf das Thema Computer werfen. In unserer heutigen Gesellschaft treffen wir fast überall auf diese vielseitigen Rechenmaschinen. Nicht nur im Beruf, auch in unserer Freizeit haben wir es mit ihnen zu tun, und nicht immer ist uns auf den ersten Blick bewusst, dass wir mit Computern interagieren. Dies trifft vor allem auf den Mobilitätssektor zu: Besonders in Autos und anderen motorbetriebenen Fahrzeugen wurden in den letzten Jahren sehr viele Computer eingebaut, um uns den Alltag zu erleichtern. (Wobei ich nicht wenige Personen kenne, die der Überzeugung sind, dass die vielen Computer in ihren Autos das Leben nicht gerade einfacher machen. Doch das ist eine ganz andere Geschichte ...)

Gerade im Zusammenhang mit Mathematik spielen diese Maschinen eine wesentliche und entscheidende Rolle. Wie erwähnt, geht es in der Mathematik nicht darum, besonders gut und schnell rechnen zu können. Allerdings ist Rechnen für die Mathematik sehr wichtig. Es stellt gewissermaßen den Prozess dar, durch den viele mathematische Ideen, Gedanken oder Theorien überprüft und getestet werden. Und da Mathematiker*innen Menschen sind, die es gerne so einfach wie möglich haben, ist es nur allzu verständlich, dass sie das Rechnen anderen überlassen und sich mit »Wichtigerem« beschäftigen – dem Aufstellen, Besprechen, Hinterfragen, Verwerfen und Neuformulieren von Ideen und Vermutungen zum Beispiel. Werfen wir also zum Abschluss einen kurzen Blick auf die Entstehung von Computern:

Die Bezeichnung *Computer* stammt aus dem Englischen und bedeutet Rechner. Das Wort Computer selber ist vom Verb *to compute* abgeleitet, was im Deutschen so viel wie *rechnen*, etwas *be-* oder *ausrechnen* oder auch *errechnen* bedeutet. Wie sehr viele Wörter der englischen Sprache, stammt auch das Wort *to compute* aus dem Lateinischen, und zwar vom Wort *computare*, was *zusammenrechnen* bedeutet.

Die Verwendung des Wortes Computer als Bezeichnung für programmierbare Rechenmaschinen ist noch nicht alt – zumindest, wenn man es mit dem Wort Mathematik vergleicht. Die ersten programmierbaren Rechenmaschinen, also die Urgroßmütter der heutigen Geräte, stammen aus dem frühen 20. Jahrhundert. Doch auch vorher gab es schon Computer, und die haben auch gerechnet, und das sogar sehr gut, genau und vergleichsweise schnell. Nur waren diese Computer keine Maschinen. Nein, das Wort Computer war vor der Maschinenzeit eine Berufsbezeichnung. Tatsache. Und zwar für Menschen, die sehr gut, sehr schnell und besonders genau rechnen konnten. Ihre Aufgabe bestand darin, immer wiederkehrende Berechnungen, wie sie z. B. in der Astronomie, der

Geografie, der Physik, aber auch beim Militär vorkamen, durchzuführen. So erwähnte eine Zeitung mit dem Namen »The New York Times« das Wort Computer erstmals im Jahre 1892. Dort war in der Ausgabe vom 2. Mai bei den Kleinanzeigen folgende Stellenausschreibung zu lesen: »A computer wanted« (Ein Rechner gesucht). Weiterhin war zu lesen, dass dieser Computer bitte schön über Kenntnisse in Algebra, Trigonometrie, Geometrie und auch Astronomie verfügen sollte. Und für wen haben diese menschlichen Computer gerechnet? Für Mathematiker*innen natürlich! Im Falle der Kleinanzeige waren es wohl Mathematiker der US-Streitkräfte, war der Inserent doch die US Navy. Wie du also siehst, ist es kein Beinbruch, wenn du kein Rechenass bist. Dann ist einfach der – heute sowieso aus der Mode gekommene – Beruf als Computer nichts für dich.

Wichtige Grundlagen für deinen erfolgreichen Abschluss in Mathematik

In diesem Abschnitt schauen wir uns all das mathematische Handwerkzeug an, das du auf deinem Weg zu einem erfolgreichen Schulabschluss in Mathematik auf jeden Fall brauchst, sei es nun für den Mittleren Schulabschluss, den Hauptschulabschluss oder gar die Reifeprüfung. Es handelt sich dabei um die wichtigsten Grundlagen der Schul-Mathematik. Wenn du diese Grundlagen sicher und gut beherrschst, wird alles Weitere für dich zu schaffen sein.

Wie bei vielen Dingen im Leben, ist es auch – und vor allem – in der Schul-Mathematik wichtig, dass du übst, damit du etwas gut und sicher beherrschst. Natürlich ist es zu Beginn wichtig, dass du neuen Stoff verstehst. Im Grunde ist genau das die Aufgabe von Lehrer*innen: Sie sollen den Unterrichtsstoff so vermitteln, dass er – im Idealfall – von allen Schüler*innen verstanden wird. Doch Verstehen ist in der Mathematik erst die halbe Miete. Die zweite Hälfte macht das Üben aus – und dafür bist letzten Endes allein du verantwortlich. Es ist in der Mathematik wichtig, dass du die Grundlagen so lange übst, bis du sie sicher und richtig beherrschst und anwenden kannst. Und dieses Üben kann dir niemand abnehmen. Auch die besten Lehrer*innen dieser Welt können das nicht für dich machen. Natürlich können sie dich dabei unterstützen, den Willen, die Energie und die Disziplin zu entwickeln, die du fürs Üben brauchst. Doch hinsetzen und rechnen, bis du die Grundlagen wirklich beherrschst, sicher und richtig anwendest, das musst du selber machen.

Werfen wir nun also gemeinsam einen Blick auf die Grundlagen, für die sich das Hinsetzen und Üben wirklich lohnt.

Bruchrechnen

Bruchrechnen ist – spätestens ab der 9. Schulstufe – das A und O in der Schul-Mathematik. Wenn du dich hier gut auskennst und sicher mit Brüchen arbeiten kannst, hast du schon sehr viel erreicht, und du wirst sehr viele Aufgaben und Fragestellungen rasch und einfach lösen können. Weil dem so ist, wird das Bruchrechnen in der Schule – üblicherweise – sehr gründlich durchgenommen und auch regelmäßig wiederholt – nicht immer zur Freude der Schüler*innen. Denn es kann gut sein, dass du dabei etwas nicht verstanden hast. Gerne möchte ich hier mit dir noch einmal die wichtigsten Basics durchgehen.

Was ist ein Bruch?

Grundsätzlich besteht ein Bruch aus einem Zähler (Z), einem Nenner (N) und einem Bruchstrich. Dabei ist der Zähler die Zahl über dem Bruchstrich, der Nenner ist die Zahl unter dem Bruchstrich. Der Nenner gibt an, in wie viele gleich gleichgroße Teile ein Ganzes geteilt ist, der Zähler gibt an, wie viele solcher gleichgroßen Teile du hast.

Einen Bruch kannst du grundsätzlich auf zwei Weisen betrachten: Erstens kann ein Bruch eine Rechenoperation – nämlich eine Division – darstellen. So steht der Bruch für die Division 3 : 4. In diesem Sinne ist ein

Bruch eine Rechnung, die du ausrechnen sollst, um eine Aufgabe zu lösen. Zweitens kann ein Bruch den Wert einer Zahl darstellen. So steht der Bruch für den Wert der Zahl 0,75 (was auch das Ergebnis der Division 3 : 4 ist). Ein und derselbe Bruch können also auf zwei verschiedene Weisen betrachtet werden.

Arten von Brüchen:

Echte Brüche sind Brüche, bei denen der Zähler kleiner als der Nenner ist. Mathematisch lässt sich das folgendermaßen ausdrücken:

$Z < N$ (Zähler ist kleiner als Nenner.)

Der Wert eines echten Bruches ist immer kleiner als +1 bzw. bei negativen Brüchen immer größer als -1. Beispiele für echte Brüche sind

$$\frac{1}{4}; \quad \frac{5}{6}; \quad -\frac{3}{14}$$

Uneigentliche Brüche sind Brüche, bei denen der Zähler immer gleich oder ein ganzzahliges Vielfaches vom Nenner ist. Mathematisch ausgedrückt sieht das so aus:

$N \cdot z = Z$ mit $z \in \mathbb{Z}$ (Der Nenner N multipliziert mit einer ganzen Zahl z ist gleich der Zähler Z. z ist ein Element der Menge der ganzen Zahlen Z.)

Uneigentliche Brüche haben also immer den Wert einer ganzen Zahl. Du kannst sie statt eines Bruches mit einer ganzen Zahl darstellen. Beispiele für uneigentliche Brüche sind:

$$\frac{4}{4} (= 1); \quad \frac{15}{3} (= 5); \quad -\frac{27}{9} (= -3)$$

Unechte Brüche sind Brüche, bei denen der Zähler größer als der Nenner ist.

Z > N   (Zähler ist größer als Nenner.)

Der Wert von unechten Brüchen ist immer größer als 1 bzw. bei negativen, unechten Brüchen ist der Wert immer kleiner als -1. Beispiele für unechte Brüche sind:

$$\frac{14}{4} ; \qquad \frac{10}{7} ; \qquad -\frac{23}{9}$$

Gemischte Zahlen sind Zahlen, die aus einer ganzen Zahl und einem echten Bruch bestehen. Der Wert von gemischten Zahlen ist immer größer als 1 bzw. kleiner als -1, wenn es sich um eine negative ganze Zahl handelt. Beispiele für gemischte Zahlen sind:

$$2\frac{2}{5} ; \qquad 5\frac{1}{4} ; \qquad -4\frac{3}{7}$$

Jede gemischte Zahl kann in einen unechten Bruch umgewandelt werden. Das kannst du in drei einfachen Schritten machen:

1. Die ganze Zahl wird mit dem Nenner multipliziert.
2. Das Produkt aus ganzer Zahl und Nenner wird zum Zähler addiert.
3. Die so entstandene Summe ist der neue Zähler, der Nenner bleibt unverändert.

Und nun das Ganze anhand eines Beispiels: Wandle die gemischte Zahl $5\frac{1}{4}$ in einen unechten Bruch um.

1. Die ganze Zahl (5) mit dem Nenner (4) multiplizieren: $5 \cdot 4 = 20$

2. Das Produkt (20) wird zum Zähler addiert: $1 + 20 = 21$

3. Die Summe (21) wird der neue Zähler: $\frac{21}{4}$

   Somit ergibt sich: $5\frac{1}{4} = \frac{21}{4}$

Umgekehrt kann jeder unechte Bruch in eine gemischte Zahl umgewandelt werden. Auch dies ist in drei einfachen Schritten möglich:

1. Der Zähler wird durch den Nenner dividiert.
2. Das Ergebnis der Division (der Quotient) wird zur ganzen Zahl.
3. Der Rest der Division wird der neue Zähler des Bruchs, der Nenner bleibt unverändert.

Auch das schauen wir uns anhand eines kurzen Beispiels an:

Wandle den unechten Bruch $\frac{19}{4}$ in eine gemischte Zahl um:

1. Der Zähler (19) wird durch den Nenner (4) dividiert: $19 : 4 = 4$ 3 Rest

2. Das Ergebnis (4) wird zur ganzen Zahl: 4 Ganze

3. Der Rest der Division (3) wird zum neuen Zähler: $\frac{3}{4}$

   Somit ergibt sich: $\frac{19}{4} = 4\frac{3}{4}$

Erweitern von Brüchen:

Beim Erweitern von Brüchen werden sowohl der Zähler als auch der Nenner eines Bruches mit demselben Faktor (meistens handelt es sich dabei um eine ganze Zahl) multipliziert. Dadurch werden die Zahlen im Zähler und im Nenner größer, der Wert des Bruches bleibt aber gleich. Erweitern dient dazu, um zwei oder mehr Brüche auf denselben Nenner zu bringen – das ist z.B. bei Strichrechnungen notwendig.

Grundsätzlich kannst du einen Bruch mit jeder beliebigen Zahl erweitern. Für ein rasches, sicheres und richtiges Rechnen ist es meistens von Vorteil, wenn du mit möglichst kleinen Zahlen erweiterst.

Bspw.: Bringe die Brüche auf einen gemeinsamen Nenner.

$$\frac{2}{3}; \quad \frac{3}{4}; \quad \frac{5}{8}$$

Der gemeinsame Nenner von 3, 4, und 8 ist 24. 24 ist die kleinste Zahl, die sowohl durch 3, durch 4 als auch durch 8 (ohne Rest) teilbar ist.

Wie finde ich schnell den kleinsten gemeinsamen Nenner von mehreren Brüchen?

Da gibt es eine einfache Methode: Du nimmst den größten Nenner, in unserem Beispiel die 8. Dann gehst du die Mal-Reihe mit dem Nenner durch und überprüfst bei jedem Schritt, ob das neue Vielfache des größten Nenners durch den/die anderen Nenner teilbar ist. Das Ganze kannst du natürlich – wenn du willst – im Kopf machen.

Mal-Reihe des größten Nenners	Teilbarkeit durch die anderen Nenner
1 • 8 = 8	8 ist durch 4 aber nicht durch 3 teilbar
2 • 8 = 16	16 ist durch 4 aber nicht durch 3 teilbar
3 • 8 = 24	24 ist durch 4 und durch 3 teilbar

$\frac{2}{3}$ wird mit 8 erweitert, weil 3 • 8 = 24 gilt. Also wird sowohl der Nenner (3) als auch der Zähler (2) mit 8 multipliziert.

Dadurch bekommen wir den Bruch $\frac{16}{24}$.

$\frac{3}{4}$ wird mit 6 erweitert, das liefert den Bruch $\frac{18}{24}$.

$\frac{5}{8}$ wird mit 3 erweitert, das liefert den Bruch $\frac{9}{24}$.

Kürzen von Brüchen:

Das Kürzen ist im Grunde die Umkehroperation zum Erweitern von Brüchen. Dabei wird sowohl der Zähler als auch der Nenner durch dieselbe Zahl dividiert. Dadurch werden die Zahlen im Zähler und Nenner kleiner, der Wert des Bruches bleibt aber unverändert.

Durch das Kürzen ist es möglich, mit kleineren Zahlen bzw. mit einfacheren Ausdrücken weiterzurechnen. Das macht die ganze Sache meistens viel einfacher. Beim Kürzen sind folgende Regeln zu beachten:

- Du darfst innerhalb eines Bruches Zähler und Nenner kürzen.
- Nach dem Kürzen müssen immer ganze Zahlen im Zähler und im Nenner bleiben. Es ist also möglich, den Bruch $\frac{6}{9}$ durch 3 zu $\frac{2}{3}$ zu kürzen. Du darfst $\frac{6}{9}$ aber z. B. nicht durch 2 zu $\frac{3}{4.5}$ kürzen. Im Gegensatz zum Erweitern, wo du jeden Bruch mit jeder beliebigen ganzen Zahl erweitern darfst, ist das Kürzen also von den Zahlen in Zähler und Nenner abhängig.
- Du darfst aus jedem Produkt (aus jeder Multiplikation) von zwei oder mehr Brüchen kürzen. Dabei darfst du jeden Zähler mit jedem Nenner kürzen.
- Du darfst nie aus einer Summe (einer Addition) oder einer Differenz (einer Subtraktion) kürzen.
- Wird ein Zähler oder Nenner durch Kürzen zu 1, so kannst du diesen Bruch nicht weiter kürzen.

Die vier Grundrechenarten mit Brüchen:

Die Addition

Um Brüche miteinander addieren zu können, müssen sie denselben Nenner haben. Ist dies der Fall, kannst du einfach Zähler mit Zähler addieren, der Nenner bleibt unverändert.

$$\frac{2}{7} + \frac{4}{7} = \frac{2+4}{7} = \frac{6}{7}$$

Haben die Brüche unterschiedliche Nenner, musst du sie erst durch Erweitern auf denselben Nenner bringen. Ist das geschehen, kannst du sie – wie oben beschrieben – einfach addieren.

$$\frac{3}{4} + \frac{1}{5} = \frac{15}{20} + \frac{4}{20} = \frac{19}{20}$$

Beim Addieren von gemischten Zahlen werden ganze Zahl mit ganzer Zahl und Bruch mit Bruch addiert, ggf. müssen auch hier die Brüche zuerst auf denselben Nenner gebracht werden.

$$2\frac{1}{2} + 4\frac{1}{4} = 2\frac{2}{4} + 4\frac{1}{4} = 2 + 4 + \frac{2}{4} + \frac{1}{4} = 6\frac{3}{4}$$

Die Subtraktion

Das Subtrahieren ist dem Addieren sehr ähnlich. Auch hier müssen die Brüche vor dem Subtrahieren denselben Nenner haben. Wenn dies der Fall ist, kannst du Zähler minus Zähler rechnen, der Nenner bleibt wieder unverändert. Haben die Brüche unterschiedliche Nenner, musst du sie zuerst auf denselben Nenner bringen.

$$\frac{5}{6} - \frac{3}{6} = \frac{5-3}{6} = \frac{2}{6}$$

$$\frac{6}{7} - \frac{3}{4} = \frac{24}{28} - \frac{21}{28} = \frac{3}{28}$$

Werden gemischte Zahlen subtrahiert, wird ganze Zahl minus ganze Zahl und Bruch minus Bruch gerechnet.

$$4\frac{4}{5} - 2\frac{3}{8} = 3\frac{32}{40} - 2\frac{15}{40} = 2\frac{17}{40}$$

Die Multiplikation

Ein Bruch wird mit einer ganzen Zahl multipliziert, indem der Zähler mit der ganzen Zahl multipliziert wird, der Nenner bleibt unverändert.

$$\frac{3}{7} \cdot 5 = \frac{3 \cdot 5}{7} = \frac{15}{7}$$

Werden zwei (oder mehr) Brüche miteinander multipliziert, so werden Zähler mit Zähler und Nenner mit Nenner multipliziert. WICHTIG: Beim Multiplizieren von zwei (oder mehr) Brüchen ist es egal, ob die Brüche denselben Nenner haben, du musst sie also nicht erst erweitern. Es ist immer gut, wenn du VOR dem Multiplizieren schaust, ob du kürzen kannst. Das macht das Rechnen viel einfacher, und am Ende der Rechnung musst du dein Ergebnis sowieso so weit wie möglich kürzen (was du dir durch vorheriges Kürzen ersparen kannst). Ganz wichtig: Beim Multiplizieren darfst du die Brüche auch »über Kreuz« kürzen, das heißt, du kannst den Zähler des einen Bruches auch mit dem Nenner des anderen kürzen. Das vereinfacht die Sache.

$$\frac{8}{15} \cdot \frac{9}{10} = \frac{4}{5} \cdot \frac{3}{5} = \frac{4 \cdot 3}{5 \cdot 5} = \frac{12}{25}$$

(Hier wurden 8 und 10 durch 2 gekürzt zu 4 und 5. Und 15 und 9 wurden durch 3 zu 5 und 3 gekürzt.)

Beim Multiplizieren von gemischten Zahlen ist es am einfachsten, wenn du die gemischten Zahlen in unechte Brüche umwandelst und dann, wie oben beschrieben, verfährst.

$$2\frac{2}{5} \cdot 4\frac{1}{3} = \frac{12}{5} \cdot \frac{13}{3} = \frac{4}{5} \cdot \frac{13}{1} = \frac{52}{5} = 10\frac{2}{5}$$

(Hier wurden 12 und 3 durch 3 gekürzt zu 4 und 1.)

Die Division

Auch das Dividieren von Brüchen ist sehr leicht. Wird ein Bruch durch eine ganze Zahl dividiert, gibt es zwei Möglichkeiten: Ist der Zähler durch die ganze Zahl ohne Rest teilbar, so wird der Zähler dividiert und der Nenner bleibt unverändert. Ist der Zähler allerdings nicht durch die ganze Zahl ohne Rest teilbar, so bleibt der Zähler unverändert und der Nenner wird mit der ganzen Zahl multipliziert.

$$\frac{6}{7} : 3 = \frac{6:3}{7} = \frac{2}{7}$$

$$\frac{3}{5} : 4 = \frac{3}{5 \cdot 4} = \frac{3}{20}$$

Durch einen Bruch wird dividiert, indem du mit seinem Kehrwert multiplizierst. Den Kehrwert bildest du ganz einfach, indem du Zähler und Nenner vertauschst. Dann gehst du einfach wie beim Multiplizieren mit Brüchen vor. Auch hier kürzt du wieder, wenn möglich.

$$\frac{5}{12} : \frac{5}{18} = \frac{5}{12} \cdot \frac{18}{5} = \frac{1}{2} \cdot \frac{3}{1} = \frac{3}{2} = 1\frac{1}{2}$$

Wie beim Multiplizieren werden auch beim Dividieren gemischte Zahlen vor dem Dividieren in unechte Brüche umgewandelt. Danach läuft das Ganze wie oben beschrieben ab.

$$4\frac{2}{5} : 2\frac{3}{4} = \frac{22}{5} : \frac{11}{4} = \frac{22}{5} \cdot \frac{4}{11} = \frac{2}{5} \cdot \frac{4}{1} = \frac{8}{5} = 1\frac{3}{5}$$

Gleichungen Lösen

Das Lösen von Gleichungen ist eines der wichtigsten Handwerkzeuge in der gesamten (Schul-)Mathematik. Wenn du dich dabei gut auskennst und das Lösen von Gleichungen sicher beherrschst, wird dir dein Mathematik-Alltag sehr viel leichter fallen.

Eine Gleichung ist ein mathematisch sinnvoller Ausdruck, bei dem links und rechts von einem Gleichheitszeichen Zahlen, Variablen und Rechenzeichen vorkommen können. Eine Gleichung kann (muss aber nicht!) eine wahre Aussage bilden. Das heißt, die Ausdrücke auf der einen Seite des Gleichheitszeichens bedeuten tatsächlich das Gleiche wie die Ausdrücke auf der anderen Seite. Ist dies nicht der Fall, so beschreibt die Gleichung eine falsche Aussage.

$2x + 4 = 30$ ist eine Gleichung, weil auf beiden Seiten des Gleichheitszeichens sinnvolle Ausdrücke stehen.

$5 + 9 = 14$ ist auch eine Gleichung, auch hier stehen auf beiden Seiten sinnvolle Ausdrücke. Die Gleichung bildet eine wahre Aussage (w. A.).

$3x + 5 =$ ist keine Gleichung, weil hier auf der rechten Seite nichts steht.

$4 + 5 = 12$ ist auch eine Gleichung, weil auf beiden Seiten sinnvolle mathematische Ausdrücke stehen. Die Gleichung bildet eine falsche Aussage (f. A.).

Während deiner Schullaufbahn wirst du es mit unterschiedlichen Formen von Gleichungen zu tun haben: Lineare, quadratische, Wurzel-, Bruch- und Logarithmusgleichungen stehen üblicherweise auf dem Lehrplan. Die Grundidee bei all diesen Formen von Gleichungen ist immer dieselbe: Meistens kommt in einer Gleichung eine Variable vor, und wir sollen herausfinden, welche Zahl(en) für diese Variable eingesetzt werden kann (können), damit die Gleichung eine wahre Aussage bildet. Da in der Schule das Lösen von Gleichungen zu Beginn an linearen Gleichungen erklärt wird, werde ich es auch hier mit einer linearen Gleichung beschreiben. (Eine lineare Gleichung ist eine Gleichung, in der die Variable nur in der 1. Potenz, also hoch 1 bzw. ohne Hochzahl vorkommt.

Beim Lösen einer Gleichung werden alle Ausdrücke, die die Variable enthalten, auf eine Seite des Gleichheitszeichens gebracht, alle Ausdrücke, die nur Zahlen enthalten, kommen auf die andere Seite. Das »auf die andere Seite Bringen« wird auch Äquivalenzumformung genannt. Im Grunde bedeutet das, dass die Gleichung umgeformt wird und anders aussieht, die Aussage bleibt aber die gleich, z. B.:

$$4 + 5 = 9$$
sieht anders aus als
$$9 = 9$$

Die Aussage der beiden Gleichungen ist aber dieselbe (die beiden Gleichungen sind äquivalent).

Um in einer Gleichung die einzelnen Ausdrücke auf die andere Seite zu bringen, musst du im Grunde nur wissen, was Umkehroperationen sind und wie sie funktionieren. So hat jede der vier Grundrechenarten ihre Umkehroperation:

$$\text{Addition} \leftarrow \quad \rightarrow \text{Subtraktion}$$
$$\text{Subtraktion} \leftarrow \quad \rightarrow \text{Addition}$$
$$\text{Multiplikation} \leftarrow \quad \rightarrow \text{Division}$$
$$\text{Division} \leftarrow \quad \rightarrow \text{Multiplikation}$$

Wenn du z. B. zu 7 die Zahl 2 addierst, bekommst du 9 : $7 + 2 = 9$

Die Umkehroperation wäre, dass du von 9 die Zahl 2 subtrahierst:
$9 - 2 = 7$

Das geht, wie gesagt, für jede der vier Grundrechnenarten. Potenzieren und Wurzelziehen sind auch zwei zusammengehörenden Umkehroperationen, beim Lösen von linearen Gleichungen brauchst du aber nur die Umkehroperationen der vier Grundrechenarten.

Schauen wir uns das Lösen von linearen Gleichungen nun anhand eines kurzen Beispiels an:

Löse folgende Gleichung.
$2x + 4 \cdot (5x + 3) = 10 - 4x + 2 \cdot (7x + 13)$

1. Vereinfache beide Seiten der Gleichung so weit wie möglich.

Für unser Beispiel bedeutet das, dass wir auf beiden Seiten die Klammern ausmultiplizieren. Danach fassen wir die Ausdrücke mit nur Zahlen bzw. mit Variablen auf beiden Seiten zusammen.

$2x + 20x + 12 = 10 - 4x + 14x + 26$ (Klammern ausmultipliziert)
$22x + 12 = 10x + 36$ (Ausdrücke zusammengefasst)

2. Bringe alle Variablen auf eine Seite, alle Ausdrücke, die nur Zahlen enthalten, auf die andere Seite.

Dafür brauchen wir jetzt die Umkehroperationen. Im Grunde ist es egal, auf welche Seite du die Variablen bzw. die Zahlen bringst. Vorteilhaft kann es allerdings sein, die Variablen auf die Seite zu bringen, auf der bereits mehr davon stehen. In unserem Beispiel haben wir links 22x und rechts 10x. Deshalb bringe ich die x auf die linke, die Zahlen auf die rechte Seite.

$22x + 12 = 10x + 36$ $/ - 10x$
$12x + 12 = 36$ $/ - 12$
$12x = 24$

3. *Dividiere die ganze Gleichung durch den Koeffizienten der Variable.*

Steht vor der Variable nun noch ein anderer Koeffizient als 1 (als Koeffizient bezeichnet man die Zahl, mit der eine Variable multipliziert wird), so wird durch diese Zahl dividiert.

$$12x = 24 \qquad / : 12$$
$$x = 2$$

Formeln sicher umwandeln

Das sichere Umwandeln von Formeln ist fast genauso wichtig wie das Lösen von Gleichungen. Das Gute daran: Kannst du Gleichungen sicher lösen, wirst du auch mit dem Umformen von Formeln keine Schwierigkeiten haben. Das funktioniert nämlich im Grunde genau gleich. Und: Wenn du sicher und halbwegs schnell beim Umformen bist, musst du dir sehr viel weniger merken. Du kannst dir dann aus ein paar wenigen Formeln (fast) alle anderen wichtigen Formeln und Zusammenhänge selber herleiten. Was auf den ersten Blick vielleicht umständlich oder herausfordernd erscheinen mag, spart dir in Wirklichkeit viel Zeit und vereinfacht deine Mathematik-Arbeiten.

Wie eben erwähnt, gelten für das Umwandeln von Formeln alle Regeln, die auch für das Lösen von Gleichungen gelten. Beim Umwandeln geht es darum, dass du eine bestimmte Variable einer Formel durch alle anderen Variablen (und Zahlen), die in der Formel vorkommen, ausdrückst. Weniger mathematisch formuliert heißt das, du bringst den gesuchten Buchstaben auf eine Seite des Gleichheitszeichens, alle anderen Zahlen und Buchstaben bringst du auf die andere Seite. Und das machst du eben wie beim Lösen von Gleichungen mit der sogenannten Äquivalenzumformung.

Gehe beim Umwandeln von Formeln folgendermaßen vor:

1. Finde die Variable, die du durch die anderen ausdrücken musst.
2. Bringe nun alle Zahlen und anderen Variablen, die auf der Seite deiner gesuchten Variable stehen, durch Äquivalenzumformung mittels Umkehroperationen auf die andere Seite.
   Beginne mit den Elementen, die mit Strichrechnungen verknüpft sind.

Danach bringst du alle Zahlen und anderen Variablen, die durch Punktrechnungen mit der gesuchten Variablen verknüpft sind, auf die andere Seite.

Steht die gesuchte Größe im Nenner eines Bruches, kannst du sie durch Multiplikation der ganzen Formel mit dem Nenner von dort »weg«bekommen. Gehe dann wie oben beschrieben vor.

Bspw.: Es sei r gesucht.

$$h = \frac{V}{2 \bullet r \bullet \pi} \quad / \bullet (2 \bullet r \bullet \pi)$$

$$h * (2 \bullet r \bullet \pi) = V$$

Nun ist die gesuchte Variable aus dem Nenner raus, und du kannst die Formel weiter nach *r* umformen. Dafür gehst du folgendermaßen vor.

$$h \bullet (2 \bullet r \bullet \pi) = V \quad / : h$$

$$2 \bullet r \bullet \pi = \frac{V}{h} \quad / : (2 \bullet \pi)$$

(Die Klammer auf der linken Seite kannst du hier nun weglassen, weil dort nur mehr der Klammerausdruck steht und die Klammer somit keine Notwendigkeit mehr hat.)

$$r = \frac{V}{h \bullet 2 \bullet \pi}$$

Klammerausdrücke, Brüche, Wurzeln und Potenzen, in denen die gesuchte Variable nicht vorkommt, kannst du wie eine einzige Zahl oder Variable behandeln und in einem (ohne sie irgendwie aufzudröseln) auf die andere Seite bringen.

Bspw.: Es sei h gesucht.

$$A = \frac{(a + c) \bullet h}{2} \qquad / \bullet 2$$

$$2 \bullet A = (a + c) \bullet h \qquad / : (a + c)$$

$$\frac{2 \bullet A}{a + c} = h$$

Im zweiten Schritt wurde durch die Klammer (a + c) dividiert, weil sie die gesuchte Variable *h* nicht enthält.

Kommt die gesuchte Variable allerdings in einer Klammer, einem Bruch, einer Wurzel oder einer Potenz vor, so musst du diesen Ausdruck erst isolieren, um ihn dann auflösen zu können. Am Beispiel einer Potenz sieht das so aus:

Bspw.: Es sei *a* gesucht.

$$G = (a + b)^2 - 3x \qquad / + 3x$$

(Nun ist die Potenz, in der die gesuchte Variable vorkommt, isoliert, und ich kann die Potenz auflösen.)

$$G + 3x = (a + b)^2 \qquad / \sqrt{\ }$$

$$\sqrt{G + 3x} = a + b \qquad / -b$$

$$\sqrt{G + 3x} - b = a$$

Maßeinheiten umwandeln

Wie bereits besprochen, kannst du das Umwandeln von Maßeinheiten im Alltag gebrauchen, deshalb lernst du in diesem Fall nicht nur für die Schule, sondern tatsächlich auch fürs Leben. Die wichtigsten Grundlagen und Basics für das Umwandeln von Maßeinheiten findest du bereits im entsprechenden Abschnitt im Kapitel *Mathe im Alltag*. Hier möchte ich mit dir noch ein paar wichtige Tipps und Ansätze durchgehen, die dir deinen Schul-Mathematik-Alltag wesentlich erleichtern werden.

Umrechnungsfaktoren (Uf)

Grundsätzlich gilt, der Umrechnungsfaktor gilt immer für eine Einheit auf die nächstgrößere bzw. kleinere. Wenn du um zwei oder mehr Einheiten umrechnen willst, musst du auch den Uf dementsprechend oft anwenden bzw. das Komma entsprechend oft um so viele Stellen verschieben.

Die Länge: Uf = 10
Bei den Längenmaßen beträgt der Umrechnungsfaktor immer 10. Das heißt, willst du von einer Einheit auf die nächstgrößere bzw. kleinere umrechnen, musst du durch 10 dividieren bzw. mit 10 multiplizieren. Einfacher gesagt: Du musst das Komma um eine Stelle nach links bzw. nach rechts verschieben. Ausnahme stellt hier die Umrechnung von km auf m und umgekehrt dar. Hier werden jeweils zwei Einheiten übersprungen (für 10 m bzw. 100 m verwenden wir keine extra Einheiten). Hier ist der Umrechnungsfaktor 1000, das Komma wandert also um drei Stellen nach links bzw. nach rechts.

Die Fläche: Uf = 100
Der Umrechnungsfaktor beträgt von einer auf die nächstgrößere bzw. kleinere Einheit immer 100. Das bedeutet, das Komma wandert um zwei Stellen nach links bzw. nach rechts. Die Grundeinheit der Fläche ist der Quadratmeter m². Mit der Hochzahl 2 bei der Einheit kannst du dir auch leicht den Uf bzw. die Anzahl der Stellen merken, um die das Komma je Einheit verschoben wird.

Das Volumen: **Uf = 1000**

Wie bei Länge und Fläche, nur wird nun das Komma eben immer um drei Stellen nach links (Umwandlung in die nächstgrößere Einheit) bzw. nach rechts (Umwandlung in die nächstkleinere Einheit) verschoben. Die Grundeinheit des Volumens ist der Kubikmeter m³. Mit der Hochzahl 3 bei der Einheit kannst du dir auch leicht den Uf bzw. die Anzahl der Stellen merken, um die das Komma je Einheit verschoben wird.

Da es beim Volumen neben dem m³ auch noch den Liter (l) als gängige Einheit gibt, hier noch ein kurzer Blick auf diese Einheit. Der Umrechnungsfaktor bei Liter ist 10 das Komma wird also je Einheit um eine Stelle nach links bzw. rechts verschoben. Eine Ausnahme stellt der Hektoliter (hl) dar. Von hl auf l wird mit 100 multipliziert, also wandert das Komma um zwei Stellen nach rechts. Umgekehrt wandert das Komma bei der Umrechnung von l auf hl um zwei Stellen nach links.

Musst du einmal von der Einheit Kubikmeter in Liter (oder umgekehrt) umwandeln, so merke dir:

1 dm³ = 1 l
1 cm³ = 1 ml

(Fast) alle anderen Einheiten: **Uf = 10**

Bei so gut wie allen anderen Einheiten (Kilogramm für die Masse, Amper für die Stromstärke usw.) beträgt der Umrechnungsfaktor 10. Es gelten dabei die Vorsilben (und die entsprechenden Umwandlungsschritte) für Einheiten, wie wir sie bereits kennengelernt haben. Eine Ausnahme stellt die Zeit dar. Mit dieser Größe haben wir es allerdings mit Abstand am meisten zu tun, deshalb fällt uns hier das Umrechnen oft sehr leicht. Als kurze Auffrischung hier nochmal die Einheiten der Zeit:

1 Jahr = 12 Monate = 52 Wochen = 365 Tage (366 im Schaltjahr)
1 Tag = 24 Stunden = 1440 Minuten = 86 400 Sekunden
1 Stunde = 60 Minuten = 3600 Sekunden
1 Minute = 60 Sekunden

Beim Rechnen ist es wichtig, dass du Werte derselben Größe (z. B. Länge) immer in derselben Einheit hast. Wenn du also drei Längen z. b. addieren sollst, müssen sie in derselben Einheit angegeben sein. Ist dies nicht der Fall, musst du sie zuerst durch Umwandeln auf dieselbe Einheit bringen. Für welche du dich entscheidest, bleibt grundsätzlich dir überlassen, theoretisch ist jede gemeinsame Einheit geeignet. Sehr häufig bietet sich aber eine bestimmte Einheit an. Sind z. B. zwei Werte in dm gegeben und der dritte in cm, so ist es wahrscheinlich am einfachsten, auch den dritten Wert in dm umzuwandeln. Hast du eine »Lieblingseinheit«, mit der du dich beim Rechnen am sichersten fühlst, dann »go for it«. Es ist deine Rechnung, mach dir deine Aufgabe so einfach wie möglich – denn genau das ist es auch, was echte Mathematiker*innen machen würden.

Rechnen mit Potenzen

Potenzen sind eine vereinfachte – Mathematiker*innen lieben es, sich die Dinge so einfach wie möglich zu machen – Darstellungsform einer Multiplikation mit denselben Faktoren. Grundsätzlich besteht eine Potenz immer aus einer Basis bzw. Grundzahl und einem Exponenten bzw. einer Hochzahl.

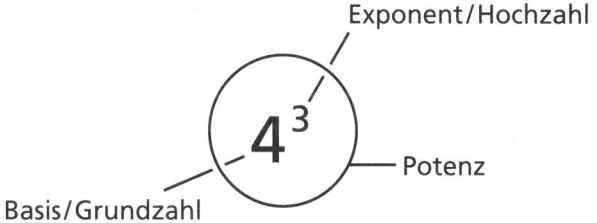

Die Basis gibt an, welche Zahl (oder auch Variable) multipliziert wird. Die Hochzahl gibt an, wie oft die Basis multipliziert wird. Die oben abgebildete Potenz

$$4^3$$

ist also eine vereinfachte Schreibweise der Multiplikation

$$4 \bullet 4 \bullet 4.$$

Der Wert einer Potenz: Der Wert einer Potenz ist die ausgerechnete Multiplikation. Der Wert der Potenz in unserem Beispiel ist 64.

$$4^3 = 4 \bullet 4 \bullet 4 = 16 \bullet 4 = 64$$

Der Exponent (bzw. die Hochzahl) gilt immer nur für die direkt davor kommende Zahl oder Variable. So stellt die Potenz

$$4x^3$$

die Multiplikation

$$4 \bullet x \bullet x \bullet x$$

(und nicht etwa $4 \bullet 4 \bullet 4 \bullet x \bullet x \bullet x$) dar. Steht ein Exponent allerdings direkt hinter einer Klammer, so bezieht er sich sehr wohl auf jeden Ausdruck in der Klammer. Deshalb ist die Potenz

$$(3ax)^2$$

eine vereinfachte Schreibweise der Multiplikation

$$3 \bullet 3 \bullet a \bullet a \bullet x \bullet x.$$

Vorsicht ist hier auch bei einem negativen Vorzeichen geboten. Steht vor einer Basis ein negatives Vorzeichen, wird es nämlich nur dann mitpotenziert, wenn die gesamte Basis (also inklusive Vorzeichen) in der Klammer steht. Ansonsten wird »nur« die Zahl oder Variable potenziert, das Vorzeichen bleibt aber unverändert. Hier zwei Beispiele:

$-4^2 = -4 * 4 = -16$ (Minus mal Plus ergibt Minus)

aber

$(-4)^2 = (-4) * (-4) = 16$ (Minus mal Minus ergibt Plus)

Darüber hinaus ist folgender Zusammenhang fürs Rechnen mit Potenzen von negativen Zahlen und Variablen interessant: Habe ich eine NEGATIVE Basis (egal, ob Zahl oder Variable) mit einer GERADEN Hochzahl (also 2; 4; 6; ...), so wird das Ergebnis immer positiv sein. Habe ich eine NEGATIVE Basis mit einer UNGERADEN Hochzahl (also 3; 5; 7; ...), so wird das Ergebnis immer negativ sein. Hier das Ganze anhand von zwei Beispielen:

$(-4)^4 = (-4) * (-4) * (-4) * (-4) = 256$
$(-4)^3 = (-4) * (-4) * (-4) = (-64)$

Also kurz zusammengefasst:
Negative Basis mit gerader Hochzahl ergibt positives Ergebnis.
Negative Basis mit ungerader Hochzahl ergibt negatives Ergebnis.

Die vier Grundrechenarten mit Potenzen:

Die Vorrangregeln für das Rechnen in der Mathematik lauten: Klammer vor Potenz vor Punkt vor Strich, kurz KlaPoPuStri oder Klapopustri. Um Potenzen mit anderen Potenzen, Zahlen oder Variablen addieren, subtrahieren, multiplizieren oder dividieren zu können, musst du grundsätzlich vorher ihren Wert berechnen und dann mit ihren Werten weiterrechnen. Allerdings gibt es hier ein paar Vereinfachungen für die vier Grundrechenarten.

Die Addition

Potenzen können dann – und nur dann – addiert werden, wenn sie dieselbe Basis UND dieselbe Hochzahl haben. Dabei werden ihre Koeffizienten addiert, die Potenzen selber bleiben unverändert. Hier das Ganze anhand von Beispielen.

$4x^3 + 7x^3 = 11x^3$ Die beiden Potenzen können addiert werden, weil sie dieselbe Basis (x) UND dieselbe Hochzahl (3) haben. Es werden die beiden Koeffizienten (4 und 7) zum neuen Koeffizienten (11) addiert, die Potenz (x^3) bleibt unverändert.

$5x^2 + 9x^3$ Diese Potenzen können – obwohl sie dieselbe Basis haben – nicht addiert werden, weil sie unterschiedliche Exponenten haben.

$9m^3 + 3g^3$ Hier ist eine Addition nicht möglich, weil die Potenzen nicht dieselbe Basis haben.

Die Subtraktion

Für die Subtraktion gilt genau das Gleiche wie für die Addition. Potenzen müssen dieselbe Basis UND denselben Exponenten haben, damit sie subtrahiert werden können. Ist dies der Fall, werden die Koeffizienten subtrahiert, die Potenzen bleiben unverändert.

$17g^4 - 9g^4 = 8g^4$ Die Potenzen haben dieselbe Basis (g) und denselben Exponenten (4), sie können subtrahiert werden. Dafür werden die Koeffizienten (17 und 9) subtrahiert, die Potenz (g^4) bleibt unverändert.

$7x^3 - 6x^2$ Eine Subtraktion ist nicht möglich, weil die Potenzen unterschiedliche Exponenten haben.

$19d^5 - 12m^5$ Hier ist die Subtraktion wegen der unterschiedlichen Basen (d und m) nicht möglich.

Die Multiplikation

Bei den Punktrechnungen (und damit auch bei der Multiplikation) von Potenzen sieht es etwas anders als bei den Strichrechnungen aus. Die meisten Schüler*innen finden das Punktrechnen viel einfacher und leichter verständlich. Potenzen können multipliziert werden, wenn sie dieselbe Basis habe, d.h., es ist egal, welchen Exponenten sie haben, es kommt lediglich auf die Basis an. Du kannst dir folgende Regel merken, wenn du sowas gerne magst und hilfreich findest:

Potenzen mit derselben Basis werden multipliziert, indem man die Hochzahlen addiert. Die Basis selber bleibt dabei unverändert. Haben die Potenzen auch noch einen Koeffizienten, so werden diese miteinander multipliziert. Hier wieder zwei knackige Beispiele:

$x^3 \cdot x^7 = x^{3+7} = x^{10}$

Die Potenzen haben dieselbe Basis (x) und können multipliziert werden. Dafür werden die beiden Hochzahlen (3 und 7) zur neuen Hochzahl (10) addiert. Die Basis selber bleibt unverändert.

$4g^5 \cdot 6g^8 = 4 \cdot 6 \; g^{5+8} = 24g^{13}$

Da die Potenzen dieselbe Basis (g) haben, können sie multipliziert werden. Die Koeffizienten (4 und 6) werden zum neuen Koeffizienten (24) multipliziert, die Exponenten (5 und 8) werden zum neuen Exponenten (13) addiert. Die Basis bleibt unverändert.

Die Division

Als zweite Punktrechnung ist sie der Multiplikation sehr ähnlich. Auch hier gilt, es kommt nur auf die Basen an. Haben zwei (oder mehr) Potenzen dieselbe Basis, so können sie dividiert werden. Analog zur Multiplikation gilt bei der Division folgende Regel:

Potenzen mit derselben Basis werden dividiert, indem man die Hochzahlen subtrahiert. Auch hier bleibt die Basis wieder unverändert. Verfügen die Potenzen, die es zu dividieren gilt, über Koeffizienten, so werden diese einfach dividiert. Hier ein paar Beispiele für die Division von Potenzen:

$m^9 : m^5 = m^{9-5} = m^4$ — Da beide Potenzen die Basis m haben, können sie dividiert werden. Dafür werden die beiden Exponenten (9 und 5) einfach zum neuen Exponenten (4) subtrahiert. Die Basis bleibt unverändert.

$12x^8 : 4x^4 = 12 : 4\, x^{8-4} = 3x^4$ — Die beiden Potenzen können dividiert werden (sie haben dieselbe Basis x). Die Koeffizienten (12 und 4) werden zum neuen Koeffizienten (4) dividiert, die Exponenten (8 und 4) ergeben subtrahiert den neuen Exponenten (4). Die Basis (x) bleibt auch hier unverändert.

Brüche und Potenzen: Bei Brüchen gilt das Gleiche wie beim Potenzieren von Basen mit Vorzeichen. Steht der Bruch in einer Klammer und die Hochzahl direkt nach der Klammer, so wird der gesamte Bruch potenziert, d. h., es wird sowohl der ganze Zähler als auch der gesamte Nenner mit der Hochzahl potenziert. Steht der Bruch nicht in einer Klammer, gilt der Exponent nur für die Zahl oder Variable, die unmittelbar vor dem Exponenten steht. Auch das schauen wir uns an einem kurzen Beispiel an.

$$\left(\frac{2x}{3y}\right)^2 = \frac{2^2 \bullet x^2}{3^2 \bullet y^2} = \frac{4x^2}{9y^2}$$

Der Bruch steht in einer Klammer, also werden sowohl der gesamte Zähler als auch der ganze Nenner potenziert. Im Vergleich dazu dasselbe Beispiel OHNE Klammer:

$$\frac{2x^2}{3y} = \frac{2x^2}{3y}$$

Dieser Bruch kann nicht weiter vereinfacht werden. Der Exponent gilt »nur« für das x (die Variable, die direkt vor dem Exponenten steht).

Dreisatz- und Prozentrechnung

Die Dreisatz- und Prozentrechnung sind – wie du schon aus dem Kapitel *Mathe im Alltag* weißt – zwei jener wenigen Rechenarten, die du tatsächlich in deinem Alltag brauchen wirst. Dabei stellt die Prozentrechnung eine besondere Anwendungsform der Dreisatz- bzw. Schlussrechnung dar. Deshalb werfen wir in diesem Abschnitt zunächst einen Blick auf die Dreisatzrechnung und schauen uns danach deren Anwendung in der Prozentrechnung an.

Der Dreisatz begegnen Schüler*innen meistens bereits recht früh in ihrer Schullaufbahn. Grundlegender Gedanke ist es dabei, aus der Beziehung von zwei Größen (z. B. Stückzahl und Geldbetrag) zueinander einen Zusammenhang zu erkennen und daraus Schlüsse (daher auch der Name Schlussrechnung in Österreich) für weitere Zusammenhänge zwischen diesen beiden Größen zu ziehen. Ein Beispiel:

Fritz kauft auf dem Markt fünf Äpfel und bezahlt dafür 1,50 €. Wie viel muss er für 17 Äpfel bezahlen? Wie viele Äpfel bekommt er für 9 €?

Angabe	Zusammenhang
Fritz kauft auf dem Markt 5 Äpfel und bezahlt dafür 1,50 €.	5 Äpfel kosten also 1,50 €
Wie viel muss er für 17 Äpfel bezahlen?	Wenn 5 Äpfel 1,50 € kosten, können wir berechnen, wie viel 17 Äpfel kosten.
Wie viele Äpfel bekommt er für 9 €?	Wenn er für 1,50 € 5 Äpfel bekommt, können wir berechnen, wie viele Äpfel er für 9 € bekommt.

Sind also drei (daher auch die Bezeichnung Dreisatz in Deutschland) Werte bekannt (z. B. zwei Stückzahlen und ein Geldbetrag), so kann man damit den vierten Wert (z. B. den Geldbetrag berechnen. Dafür ist es zunächst wichtig, den Dreisatz korrekt anzuschreiben. Dabei werden die Werte mit denselben Einheiten (z. B. Stückzahlen) immer übereinandergeschrieben, Werte, die zusammengehören (z. B. Stückzahl und der dazugehörige Geldbetrag), werden immer nebeneinandergeschrieben. Der gesuchte Wert wird – üblicherweise – mit der Variable x bezeichnet. Dieses Anschreiben bezeichnet man auch als »*Dreisatz (bzw. Schluss) anschreiben*«. In unserem Beispiel sieht das so aus:

Für die Berechnung des Geldbetrags: Für die Berechnung der Stückzahl:

5 Äpfel ... 1,50 €   1,50 € ... 5 Äpfel

17 Äpfel ... x €   9 € ... x Äpfel

Mit dem Anschreiben als Dreisatz ist bereits ein wichtiger Schritt zur Lösung gemacht. Was das nun folgende Berechnen des gesuchten Wertes (z. B. Stückzahl bzw. Geldbetrag) betrifft, so gibt es dafür viele unterschiedliche Ansätze und Erklärungsmöglichkeiten. Trotz meiner langjährigen Erfahrung in der Arbeit mit Schüler*innen aus den unterschiedlichsten Schultypen konnte ich noch keine Methode ausmachen, die am häufigsten verwendet wird. Tatsächlich scheint die Erklärung, wie ein Dreisatz berechnet wird, sehr von den persönlichen Vorlieben der Lehrer*innen abzuhängen. Ich zeige dir hier jene Methode, mit der ich bei meinen Schüler*innen bisher den größten Erfolg hatte. Wenn du eine andere, für dich bessere Methode kennst, mit der du sicher und rasch zum richtigen Ergebnis kommst, dann bleib dabei; dann hast du nämlich bereits »deine« Methode gefunden.

Rechenschritt	Erklärung
$x = \dfrac{}{}$	Zuerst schreibst du die gesuchte Variable (in unserem Beispiel x) an, danach ein Gleichheitszeichen und dann einen Bruchstrich.
$x = \dfrac{1,5}{}$	In den Zähler schreibst du jene Zahl, die im Dreisatz über der gesuchten Variable steht.
$x = \dfrac{1,5}{5}$	In den Nenner kommt die Zahl, die im Dreisatz in derselben Zeile wie die Zahl im Zähler steht. Der Wert des so entstandenen Bruches gibt dir in unserem Beispiel den Geldbetrag an, den du für ein Stück bezahlen musst.
$x = \dfrac{1,50}{5} \cdot 17$	Zum Schluss wird der Bruch mit der dritten der letzten verbleibenden Zahl multipliziert.
$x = \dfrac{1,50}{5} \cdot 17 = 5,1$	Das Ergebnis entspricht nun dem gesuchten Wert. In unserem Beispiel kosten 17 Äpfel also 5,10 €.

Wenn du Lust hast, versuche das Ganze doch gleich mal mit dem zweiten Beispiel: Wie viele Äpfel bekommt Fritz für 9 €?

Eine wichtige Sache gibt es beim Dreisatz noch zu erwähnen: Es gibt direkte und indirekte Dreisätze. Was das ist, sei hier schnell erklärt:

- *Direkter Dreisatz:* Beim direkten Dreisatz ändern sich die beiden Größen (z. B. Stückzahl und Geldbetrag) auf die gleiche Weise, d. h., wenn die eine Größe größer wird, so wird auch die andere Größe größer. Wird die eine Größe kleiner, so wird auch die andere Größe kleiner.
- *Indirekter Dreisatz:* Beim indirekten Dreisatz ändern sich die beiden Größen genau umgekehrt, d. h., wird die eine Größe größer, so wird die andere Größe kleiner. Wird dagegen die erste Größe kleiner, so wird die zweite Größe größer.

In unserem Beispiel mit Fritz und den Äpfeln handelt es sich um einen direkten Dreisatz. Statt 5 Äpfel kauft er 17 Äpfel (die Stückzahl wird größer), deshalb muss er statt 1,50 € auch 5,10 € bezahlen (auch der Geldbetrag wird größer).Handelt es sich um einen indirekten Dreisatz (wir schauen uns dazu gleich ein Beispiel an), gehst du im Grunde genau gleich vor, wie bei einem direkten Dreisatz allerdings kommt es bei den Rechenschritten 3.) und 4.) zu einer Änderung.

Ein Erbe wird auf 5 Enkelkinder gleichmäßig verteil, wobei jedes Enkelkind genau 24 000,- € bekommt. Wie viel Geld würde jedes Enkelkind bekommen, wenn dasselbe Erbe nur auf 4 Personen aufgeteilt werden würde?

Anschreiben als Dreisatz: 5 Enkel … 24 000,- €/Enkel

                                    4 Enkel … x €/Enkel

Rechenschritt	Erklärung
$x = \dfrac{}{}$	Zuerst schreibst du die gesuchte Variable (in unserem Beispiel x) an, danach ein Gleichheitszeichen und dann einen Bruchstrich.
$x = \dfrac{24\,000}{}$	In den Zähler schreibst du jene Zahl, die im Dreisatz über der gesuchten Variable steht.
$x = \dfrac{24\,000 \cdot 5}{}$	Als Nächstes wird der Zähler mit der Zahl multipliziert, die im Dreisatz in derselben Zeile wie der Zähler steht. Das so entstehende Produkt (= Ergebnis der Multiplikation) entspricht dem Gesamtbetrag, der im nächsten Schritt aufgeteilt werden soll.
$x = \dfrac{24\,000 \cdot 5}{4}$	Zum Schluss wird die dritte verbleibende Zahl als Nenner unter den Bruchstrich geschrieben.
$x = \dfrac{24\,000 \cdot 5}{4} = 30\,000$	Das Ergebnis entspricht nun dem gesuchten Wert. In unserem Beispiel bekommt jedes der vier Enkelkinder genau 30 000 €.

Ob es sich bei einer Aufgabe um einen direkten oder indirekten Dreisatz handelt, lässt sich meist durch logisches Überlegen feststellen. Mit ein bisschen Übung wirst du merken, dass es dir sehr schnell sehr leicht fällt, zu erkennen, um welche Form des Dreisatzes es in deiner Aufgabe geht. Zusammenfassen lässt sich der Dreisatz folgendermaßen:

- Zunächst schreibst du die Angabe als Dreisatz (Schluss) an. Achte dabei auf die korrekte Schreibweise. Werte mit denselben Einheiten werden übereinandergeschrieben, Werte, die zusammengehören, werden in dieselbe Zeile geschrieben.
- Überlege dir, ob es sich um einen direkten (beide Werte ändern sich auf die gleiche Weise, sie werden beide größer bzw. beide kleiner) Dreisatz oder um einen indirekten (die beiden Werte ändern sich genau gegengleich, einer wird größer, der andere kleiner) Dreisatz handelt.
- Berechne die gesuchte Größe.

Kommen wir nun zur Prozentrechnung. In der Prozentrechnung gibt es eigentlich nur drei wichtige Größen:

Der Grundwert (meist mit G abgekürzt) steht für ein Ganzes, für 100 %. Dabei kann es sich um eine Anzahl von Kindern, einen Geldbetrag, einen Zeitraum, eine bestimmte Menge von Gegenständen oder irgendetwas anders handeln.

Der Anteil (wird auch Prozentwert genannt und meist mit A abgekürzt) steht für einen bestimmten Teil des Grundwertes. Bei Anteil und Grundwert handelt es sich immer um dieselbe Größe. Ist G ein Geldbetrag, so ist auch A ein Geldbetrag, ist G ein Zeitintervall, so ist es auch A usw. Meistens haben G und A sogar dieselbe Einheit.

Der Prozentsatz (er wird mit einem p abgekürzt) ist immer in % gegeben und gibt an, welchen Prozentteil vom Grundwert der Anteil ausmacht.

Zwischen diesen drei Größen G, A und p gibt es einen (relativ einfachen) Zusammenhang:

$$G = \frac{A \cdot 100}{p} \quad \text{bzw.} \quad p = \frac{A \cdot 100}{G} \quad \text{bzw.} \quad A = \frac{G \cdot p}{100}$$

Allerdings reicht es völlig aus, wenn du dir eine dieser Formeln merkst, die anderen beiden kannst du dir durch richtiges Umformen selber herleiten.

Nun musst du bei einer Prozentrechnung nur noch überlegen, welche der drei Größen G, A und p du gegeben hast und welche gesucht ist.

Der Umrechnungsfaktor (Uf)

Eine weitere Möglichkeit, schnell, sicher und richtig Prozentrechnungen zu lösen, ist, mithilfe des sogenannten Umrechnungsfaktors (Uf) zu arbeiten. Beim Umrechnungsfaktor handelt es sich um die in eine Dezimalzahl umgewandelte Prozentzahl (p). Das Umwandeln von Prozentzahl in Dezimalzahl ist für dich sehr leicht. Du musst dafür nur die Prozentzahl durch Hundert dividieren. Oder noch einfacher ausgedrückt: Du musst dafür nur das Komma um zwei Stellen (du erinnerst dich: 100 hat zwei Nullen, deshalb Komma um zwei Stellen verschieben) nach links (oder vorne) verschieben. Dass du bei der Umwandlung von Prozentzahl in Dezimalzahl das Komma nach links verschieben musst, kannst du dir wieder mit dem Alphabet merken:

a b c **D** e f g h i j k l m n o **P** q r s t u v w x y z

Das **D** für Dezimalzahl steht im Alphabet weiter links (vorne) als das **P** für Prozentzahl. Willst du also von einer Prozentzahl zu einer Dezimalzahl, so musst du nach links (vorne) gehen. Also wandert das Komma von Prozent zu Dezimal nach links (vorne).

Hast du erst einmal die Prozentzahl in den Umrechnungsfaktor umgewandelt, musst du nur noch damit multiplizieren.

Bspw.: Wie viel sind 75 % von 350,–€?

$p = 75\,\% \qquad \rightarrow \qquad Uf = 0,75$
$350 \cdot 0,75 = 262,50$
A.: 75 % von 350,- € sind 262,50 €.

Lösen von Textaufgaben

Ja, ja, die guten alten Textaufgaben. Ein Klassiker unter den Fragestellungen in der Schul-Mathematik. In meinem bisherigen Leben hatte ich das ehrliche Vergnügen, sehr viele junge – und auch schon etwas ältere – Menschen ein Stück auf ihrem mathematischen Weg zu begleiten. Und von wirklich allen bekomme ich im Laufe unserer Zusammenarbeit irgendwann einen Satz in der Art zu hören: »Oh nein, bitte keine Textaufgaben, die verstehe ich nie.«

Und tatsächlich scheint es einen geheimen Wettbewerb unter so manchen Mathematik-Schulbuch-Autor*innen zu geben, wer denn die komplizierteste Textaufgabe verfassen kann. Nicht immer fällt es leicht, zu erkennen bzw. zu verstehen, was denn nun in einer Textaufgabe bitte schön gefragt ist. Deshalb möchte ich dir hier eine simple Methode zeigen, wie du von einer Textangabe zum Aufstellen der Rechnung und dann zum – im Idealfall richtigen – Ergebnis kommst.

Zunächst gebe ich dir eine Schritt-für-Schritt-Anleitung zum einfachen Lösen von Textaufgaben, danach gehen wir das Ganze gemeinsam anhand eines knackigen Textbeispiels durch. Oh yeah!

Schritt 1: Den Text verstehen

Lies dir den Text gründlich und in aller Ruhe durch. Ist er für dich verständlich? Dabei meine ich wirklich nur den Text an sich, es ist also noch nicht wichtig, ob du weißt, was die eigentliche Rechenaufgabe sein wird, geschweige denn, wie du zum richtigen Ergebnis kommst. Wenn die Antwort auf diese Frage ein »Ja« ist, prima! Dann geht es weiter zu Schritt 2. Verstehst du den ganzen Text – oder zumindest Teile davon – nicht, obwohl du es ehrlich versucht hast, so frage SOFORT nach. Bei deinen Lehrer*innen, Eltern, oder sonst jemandem, der gerade in deiner Nähe ist und dir mathematisch kompetent erscheint. Wieso sofort? Erstens spart es dir Zeit, wenn du Unterstützung bei einer Herausforderung annimmst, die du alleine nicht bewältigen kannst, zweitens sind ja vor allem deine Lehrer*innen dafür da, dich genau dort zu unterstützen, wo du selber nicht mehr weiterkommst, und drittens zeigst du damit, dass du aktiv und ehrlich bemüht bei der Sache bist.

Schritt 2: Die eigentliche Aufgabe

Nachdem du den Text gelesen und verstanden hast, stelle dir die Frage: Was genau soll ich hier berechnen bzw. was genau ist hier gefragt? Sehr häufig findest du die Antwort am Ende des Textbeispiels schon als Frage gestellt. Manche Textaufgaben-Autor*innen machen sich aber scheinbar einen Spaß daraus, die eigentliche Frage im Text zu verstecken. In so einem Fall kann es dir weiterhelfen, wenn du dich erinnerst, mit welchem Thema, z. B. Prozentrechnen, Winkelfunktionen, Differenzialrechnung usw., ihr euch gerade in Mathe beschäftigt. Die Fragestellung wird etwas damit zu tun haben. Hast du gefunden, was die eigentliche Aufgabe im Text ist, markiere sie dir oder schreibe sie dir heraus.

Schritt 3: Die Angaben

Nun suche dir alle wichtigen Angaben aus dem Text heraus. Was ist gegeben, was ist bekannt, welche Größen in welchen Einheiten hast du? Am besten schreibst du dir alle relevanten Größen mit den gegebenen Einheiten noch einmal auf, dann musst du später nicht nochmal im Text suchen.

Schritt 4: Die Rechnung

Jetzt kommt der vermeintlich schwierigste Teil, das Aufstellen der Rechnung. Wenn du weißt, was gefragt ist (Schritt 2), und weißt, was bekannt ist (Schritt 3), dann musst du dir jetzt überlegen, wie du von dem, was gegeben ist, zu dem, was gesucht ist, kommst. In den allermeisten Fällen gibt es dafür eine Formel, in der alle Größen (alles, was im Text gegeben ist, und auch das, was gesucht ist) aus deinem Beispiel zusammen vorkommen. Manchmal musst du diese Formel noch umformen, um die gesuchte Größe berechnen zu können.

Schritt 5: Ausrechnen

Ist erst die Rechnung einmal aufgestellt bzw. der Weg zum Ergebnis klar, ist der Rest meistens relativ simpel. Du setzt in die (umgeformte) Formel alle bekannten Größen ein und berechnest das, was gesucht ist. Achte vor dem Einsetzten darauf, dass alle Einheiten zusammenpassen (dass du z. B. also nicht cm mit m addierst).

Schritt 6: Ergebnis aufschreiben

Achte zum Schluss darauf, dass dein Endergebnis als solches klar und deutlich (und bitte gut leserlich) zu erkennen ist. Und gib es – wenn möglich, was meistens der Fall ist – bitte unbedingt mit der passenden Einheit an. Es kann dir durchaus passieren, dass du für ein Ergebnis einen Punkteabzug bekommst, weil die Einheit fehlt oder weil es nicht die ist, die im Text gefordert ist (auch so eine Falle von Schulbuch-Autor*innen). Auch wenn es vielleicht nur wenige Punkte sind, kann das am Ende für deine Note entscheidend sein. In manchen Fällen ist es auch wichtig, dass du einen Antwortsatz formulierst. Halte dich dabei gerne so kurz wie möglich, achte aber darauf, dass der Satz noch verständlich und eindeutig ist. Steht in der Aufgabe eine Frage, reicht es meist, die Frage in eine Antwort umzuwandeln. Ist z. B. gefragt: »Wie lange dauert die Fahrt von A nach B?«, schreibe als Antwort: »Die Fahrt dauert [dein Ergebnis]«.

Und nun schauen wir uns das Ganze an einem Beispiel an:

Familie Schweig baut ein Haus. Für die Entwässerung soll ein Sickerschacht mit kreisrunder Grundfläche angelegt werden. Für den Bau werden fertige Betonringe mit einem Durchmesser von 15 dm verwendet, der Schacht soll nach Fertigstellung mindestens ein Volumen von 1,5 m³ fassen. Wie tief muss der Schacht mindestens werden?

Schritt 1: Den Text verstehen

Hier könnte der Ausdruck »Sickerschacht« unklar sein. Ein Sickerschacht ist ein Loch im Boden, dessen Wände aus ringförmigen Betonelementen, die übereinandergestapelt werden, bestehen.

Schritt 2: Die eigentliche Aufgabe

In diesem Beispiel steht sie – wie das oft bei Textbeispielen der Fall ist – ganz am Ende der Angabe als Frage formuliert:

Wie tief muss der Schacht mindestens werden?

Du musst also die Tiefe und damit eine Länge berechnen. Im Falle unseres Textbeispiels ist es sehr wahrscheinlich, dass ihr in der Schule in Mathematik gerade das Volumen von Körpern, im Besonderen das von Drehzylindern, durchnehmt

Schritt 3: Die Angaben
Wir wissen, dass der Sickerschacht einen Durchmesser von 15 dm und ein Volumen von mindestens 1,5 m³ haben wird.

d = 15 dm = 1,5 m   d ... Durchmesser

V = 1,5 m³   V ... Volumen

Schritt 4: Die Rechnung
Aus der Angabe wissen wir schon, dass eine Länge, die Tiefe des Schachtes, gesucht ist und das Volumen und Durchmesser des Schachtes bekannt sind. Wir brauchen also eine Formel, in der die Tiefe, das Volumen und der Durchmesser vorkommen. Da ist natürlich die Formel für das Volumen eines Drehzylinders gefragt.

$V = r^2 \cdot \pi \cdot h$

r ... Radius der Grundfläche

h ... Höhe des Zylinders

In unserem Beispiel müssen wir nun noch erkennen, dass die gesuchte Tiefe der Höhe des Zylinders in der Formel entspricht. Und dann müssen wir die Formel noch umformen:

$V = r^2 \cdot \pi \cdot h \qquad / :(r^2 \cdot \pi)$

$$h = \frac{V}{r^2 \cdot \pi}$$

Schritt 5: Ausrechnen

Nun müssen wir nur noch die Werte aus der Angabe in die umgeformte Formel einsetzen. Bei diesem Beispiel müssen wir noch beachten, dass wir vor dem Rechnen die Einheiten umwandeln müssen (der Durchmesser ist in dm gegeben, das Volumen in m^3). Ich habe bereits in Schritt 3 den Durchmesser von 15 dm auf 1,5 m umgewandelt. Da in der Formel der Radius und nicht der Durchmesser verwendet wird, müssen wir auch noch den Radius bestimmen.

$$r = d : 2 \qquad\qquad h = \frac{V}{r^2 \bullet \pi}$$

$$r = 1,5 : 2 \qquad\qquad h = \frac{1,5}{0,75^2 \bullet \pi}$$

$$r = 0,75 \text{ m} \qquad\qquad h = 0,85 \text{ m}$$

Schritt 6: Ergebnis aufschreiben

Da wir nun fertig sind und die gesuchte Größe gefunden haben, schreiben wir das Endergebnis und einen Antwortsatz auf.

$h = 0,85$ m   A.: Der Schacht muss mind. 0,85 m tief werden.

Praktische Tipps für deinen (Schul-) Mathematik-Alltag

Nun sind wir bald am Ende dieses Buches angekommen. In diesem Kapitel möchte ich dir noch ein paar sehr einfache, praktische und nützliche Tipps und Infos mitgeben, die dir deinen mathematischen (Schul-)Alltag enorm vereinfachen und erleichtern werden. Viele dieser Tipps sind für dich leicht umzusetzen, und du wirst sehr rasch positive und nachhaltige Veränderungen bemerken. Da du so einzigartig wie jeder andere Mensch auf diesem Planeten bist, werden dir die eine oder andere Information »passender«, ein Tipp »besser« als ein anderer erscheinen. Das ist gut so. Achte darauf, wie es dir geht und was von dem Gelesenen wie für dich von Nutzen sein kann. Verwende alles, was dich stärkt und dir wichtig erscheint, und lass alles getrost bleiben, was dich nicht unterstützt.

Deine Schriftform

Deine Schriftform, die Art und Weise, wie du deine Mitschrift aus dem Unterricht und auch deine Hausaufgaben und sonstigen Arbeiten für die Schule gestaltest, kann ein starker und wichtiger Verbündeter für dich auf deinem erfolgreichen Weg zum Schulabschluss sein. Aus eigener Erfahrung weiß ich nur allzu gut, dass es nicht immer einfach ist, eine ordentliche und saubere Mitschrift zu führen oder die Hausaufgaben in einer Art zu verfassen, die bei den Lehrer*innen Begeisterung hervorruft. Das ist auch gar nicht notwendig. Obwohl ich an sich ein interessierter Schüler war, gerne zur Schule ging und auch meine Aufgaben meistens richtig und zeitgerecht dabeihatte, bekam ich in meinen ersten vier Schuljahren immer dieselbe Rückmeldung: Georg, deine Handschrift ist einfach grauenhaft! Angeblich schrieb ich »wie der Hahn am Mist« – was auch immer das genau bedeuten sollte, ich bin mir sicher, es war kein Kompliment.

Dass die Handschrift zu Beginn der Schulzeit eine Herausforderung ist, ist völlig normal und absolut zu erwarten. War bzw. ist es bei dir anders, so bist du eine positive Ausnahme. Kennst du diese Herausforderung allerdings auch, so sei dir gewiss, das geht vorbei. Auch du wirst deine persönliche Handschrift finden. Je mehr du es versuchst und übst, umso besser wird es dir gelingen. Bei mir war es übrigens nach ca. zehn Schuljahren so weit.

Gerade in der Mathematik macht eine saubere, ordentliche und übersichtliche Heftführung einen großen Unterschied. Du wirst dadurch schneller, sicherer und besser in deinem Arbeitsprozess. Du wirst sehr viel weniger »Schlampigkeitsfehler« machen und auch das Lernen und Verstehen der Inhalte wird dir sehr viel leichter fallen. Selber musste ich auf die harte Tour lernen, dass es von Vorteil ist, wenn ich mir fürs Aufschreiben meiner Rechnungen Zeit nehme und die Zahlen sauber, geordnet und leserlich schreibe. Heute ist mir das klar, es fällt mir leicht, und ich mache es ganz selbstverständlich so. In meiner Schulzeit war mir das nicht so klar (und sicherlich nicht so wichtig). Bis ich bei drei Schularbeiten hintereinander reinfiel, und das nur deshalb, weil ich meine eigene Schrift nicht lesen konnte und meine Nullen für Sechsen und umgekehrt gehalten hatte. Erst nach dem dritten »Nicht genügend« (das ist in Österreich die schlechteste Note, die man bekommen kann) habe ich eingesehen, dass ich da was ändern muss. Ich bin der letzte Mensch, der dich daran hindern will, deine eigenen Erfahrungen zu machen, aber auf solche Erlebnisse kannst du getrost verzichten.

Entwickle eine für dich gute und passende Form der Heftführung. Verwende Stifte, mit denen du gut schreiben kannst. Ich arbeite selber immer mit einer Füllfeder, wenn ich etwas handschriftlich verfasse. Wenn dir ein Bleistift lieber ist, so verwende ihn. Benutze am besten einen Stift, den du ausbessern (löschen bzw. radieren) kannst. So kannst du später leichter und sauberer Veränderungen vornehmen. Auch sieht so deine Schriftform noch besser aus.

Verwende Farben, um wichtige Inhalte wie Merksätze, Regeln, Überschriften oder Endergebnisse zu markieren und so hervorzuheben. Achte aber darauf, dass du bei ein paar wenigen Farben bleibst – natürlich bei Farben, die dir selber gut gefallen. Wenn es in deiner Mitschrift zu bunt wird, hat das einen gegenteiligen Effekt, es lenkt dich ab und das Ganze wird unübersichtlich.

Der Vorteil einer sauberen, übersichtlichen und schönen Mitschrift ist, dass dir so das Lernen sehr viel leichter fällt. Du siehst deine Mitschrift lieber an, wichtige Informationen springen dir sofort ins Auge, und du verbrauchst weniger Energie, um dich in deinen eigenen Unterlagen zurechtzufinden.

Verwende Skizzen – so oft wie möglich!

Bei Aufgaben aus dem Bereich der Geometrie – und da vor allem bei Textbeispielen – ist es immer eine gute Idee, eine Skizze zu machen. So siehst du vor dir, um was es geht, und die Skizze erleichtert dir das Erkennen von möglichen Ansätzen und Lösungswegen. Die Grundidee einer Skizze ist es, dass du dir den Sachzusammenhang, der entweder nur in Form eines

Textes oder von Zahlen und wenigen Wörtern gegeben ist, verbildlicht darstellen kannst. Eine Skizze muss nicht mit dem Lineal oder Geodreieck gezeichnet werden. Auch ist es nicht erforderlich, dass die exakten Maßangaben verwendet werden – was bei vielen Aufgabenstellungen sowieso nicht möglich wäre.

Folgende Tipps sind beim Verwenden von und Arbeiten mit Skizzen hilfreich:

- Zeichne mit einem (möglichst gespitzten) Bleistift. So kannst du Veränderungen leicht vornehmen und die dünnen Linien sorgen für Klarheit.
- Markiere in deiner Skizze mit Farbe alle jene Größen, die du bereits aus der Angabe kennst. Verwende dazu idealerweise nur eine Farbe, so behältst du eine gute Übersicht.
- Beschrifte deine Skizze so gut wie möglich. Verwende dafür die Bezeichnungen bzw. Variablen, die in der Angabe vorkommen. Wenn du selber Variablen finden musst, verwende Buchstaben, aus denen du rasch erkennst, worum es sich dabei in der Aufgabenstellung handelt. So ist es sinnvoll, die Höhe eines Turms in der Skizze mit t abzukürzen, für die Länge eines Weges bieten sich l oder w an und den Abstand zwischen zwei Punkte könntest du z. B. a (für Abstand) oder e (für Entfernung) nennen.
- Mach dir bei Skizzen für umfangreichere Beispiele eine Legende neben die Skizze, in der du jeder Variablen bzw. Abkürzung, die du in der Skizze verwendest, ihre Bedeutung in der Aufgabenstellung zuordnest. Das schafft Klarheit und lässt dich schnell und einfach den Überblick bewahren.
- Kennzeichne Größen, die du im Zuge deiner Arbeit berechnet hast, in deiner Skizze ebenfalls mit Farbe. Hier ist es ratsam, eine andere, zweite Farbe zu verwenden als jene Farbe, die du für die Größen, die angegeben waren, verwendet hast. Auch das schafft Klarheit und unterstützt dich, den Überblick zu behalten.
- Gib dir für deine Skizze genug Platz. Im Laufe eines Beispiels kann es in und um eine Skizze ganz schön voll werden. Hast du ausreichend

Platz gelassen, wirst du dennoch gut den Überblick behalten und dich jederzeit auskennen.

- Skizzen dienen deiner Unterstützung. Ist in der Aufgabenstellung keine Skizze verlangt, musst du auch keine machen. Verwendest du dennoch eine – was ich dir sehr empfehlen möchte, so gestalte sie so, dass sie für dich gut passt. Mach dir keine Gedanken, ob jemand anderes sie lesen oder verstehen kann, das ist nicht wichtig.
- Achte beim Skizzieren darauf, dass dich die Zeichnung unterstützt und dir nicht deine Zeit raubt. Wenn du für ein Beispiel, das du normalerweise in fünf Minuten löst, eine Skizze zeichnest, für die du zehn Minuten brauchst, ergibt das keinen Sinn. Wenn dir das Zeichnen von Freihandskizzen (ohne Lineal oder Geodreieck) nicht leichtfällt, nimm dir immer mal wieder einen Moment Zeit und probiere es aus. So übst du das Skizieren und wirst schnell besser werden.

Verwende die Angaben

Wann immer möglich, verwende für deine Berechnungen und Arbeiten die Größen und Werte aus der Angabe. Wie du mittlerweile ja weißt, gibt es für (fast) jedes Mathematikbeispiel unterschiedliche Wege, die zum Ziel (meistens ist damit das richtige Ergebnis gemeint) führen. Es ist also gut möglich, dass du im Laufe einer Aufgabe vor der Wahl stehst, einen Weg zu nehmen, bei dem du nur mit Zahlen und Werten aus der Angabe weiterrechnest, oder einen anderen Weg zu gehen, bei dem du von dir berechnete Zwischenergebnisse verwendest. Wenn für dich beide Wege klar, verständlich und vorstellbar sind, wähle den Weg mit den Zahlen aus der Angabe. Denn die stimmen sicher, bzw. wenn sie falsch in der Angabe stehen, kannst du nichts dafür und kannst deshalb auch keine schlechtere Note bekommen. Bei deinen Zwischenergebnissen kann dir ein Fehler passiert sein. Dann sind auch alle weiteren Berechnungen mit diesen (falschen) Werten falsch. Das könnte sich nachteilig auf deine Note auswirken.

Grundsätzlich sind Lehrer*innen wundervolle Menschen, die ihre Zeit und Energie dafür verwenden, (meistens) junge Menschen darin zu unterstützen und zu fördern, sich Wissen und neue Fähigkeiten anzueignen und damit umgehen zu lernen. In den meisten Fällen habe ich die Erfahrung gemacht, dass, wenn du mit einem falschen Zwischenergebnis richtig weiterrechnest und nur wegen der falschen Zahl nicht zum richtigen Ergebnis kommst, das keine weiteren nachteiligen Auswirkungen auf die Bewertung der Arbeit hat. Dennoch rate ich dir dazu, so oft wie möglich die Werte und Zahlen aus der Angabe zu verwenden.

Noch etwas: Wenn du beim Rechnen nur einen Weg findest, bei dem du mit deinen Zwischenergebnissen weiterrechnen musst, dann mach das. Voller Vertrauen und Zuversicht. Schließlich hast du ja diese Zwischenergebnisse berechnet. Und ich glaube an dich. Und es gibt durchaus viele Beispiele, bei denen du deine Zwischenergebnisse verwenden musst, um weiter und zum Endergebnis zu kommen.

Rechnen mit Termen

In diesem Abschnitt meine ich mit Term einen mathematischen Ausdruck, in dem Zahlen und Variablen gemeinsam vorkommen. Streng mathematisch betrachtet, ist jeder (sinnvolle) mathematische Ausdruck bereits ein Term. Auch die Zahl *27* ist schon ein Term, genauso wie der Ausdruck *24 – 19* oder *91 : 7*.

Das Rechnen mit Termen kann zu Beginn eine echte Herausforderung darstellen. Plötzlich sind nicht nur Zahlen da, mit denen du rechnen musst, es gesellen sich auch Variablen dazu, und meistens gleich mehrere auf einmal. Wenn du die Sache mit Ruhe angehst, wird dir auch das Rechnen mit Termen rasch keine Sorgen mehr bereiten. Auch hier gilt natürlich (oder leider, je nachdem): Übung macht den Meister!

Wenn du, und das ist bei Termen oft der Fall, die vier Grundrechenarten anwenden musst, so muss das gar nicht so kompliziert sein, wie du vielleicht denkst. Hier ein paar nützliche Tipps zum Rechnen mit Termen.

Strichrechnen (addieren und subtrahieren) von Termen: Terme können nur addiert bzw. subtrahiert werden, wenn sie die gleichen Variablen in denselben Potenzen beinhalten. Ist dies der Fall, werden die Koeffizienten addiert bzw. subtrahiert, die Variablen bleiben unverändert.

Punktrechnen (multiplizieren und dividieren) von Termen: Ist grundsätzlich sehr einfach für dich. Es gelten dieselben Rechenregeln und -gesetze wie fürs Rechnen mit Zahlen alleine. Immer wieder arbeite ich mit Menschen zusammen, denen das Punktrechnen von Termen anfänglich Schwierigkeiten macht. Besonders dann, wenn auch noch negative Zahlen dazukommen, scheint es kompliziert zu werden. Einfach wird es für dich, wenn du Folgendes beachtest:

Beim Multiplizieren von Termen rechnest du Vorzeichen mal Vorzeichen, Zahl mal Zahl und Variable mal Variable.

Für das Dividieren gilt genau das Gleiche: Vorzeichen durch Vorzeichen, Zahl durch Zahl, Variable durch Variable.

Zur Erinnerung der Zusammenhang zwischen Vorzeichen, Punktrechnung und Ergebnis.

In Worten ausgedrückt ...	... und in Symbolen
Positiv mal positiv ist gleich positiv	$(+) \cdot (+) = (+)$
Positiv mal negativ ist gleich negativ	$(+) \cdot (-) = (-)$
Negativ mal positiv ist gleich negativ	$(-) \cdot (+) = (-)$
Negativ mal negativ ist gleich positiv	$(-) \cdot (-) = (+)$

Werden zwei Terme mit denselben Vorzeichen – also plus und plus oder minus und minus – multipliziert bzw. dividiert, so ist das Ergebnis immer positiv. Werden zwei Terme mit unterschiedlichen Vorzeichen – also plus und minus – miteinander punktgerechnet, so ist das Ergebnis stets negativ. Anders ausgedrückt: Unterschiedliche Vorzeichen geben ein negatives Ergebnis, gleiche Vorzeichen ein positives.

Lernstrategien

Die (allgemeine) Grundidee von Schule ist an sich, dass (vor allem junge) Menschen dort hingehen, um etwas zu lernen. Idealerweise lernen sie dort ganz viele wichtige, wertvolle und nützliche Fähigkeiten, Kompetenzen und Techniken, die sie in ihrem weiteren Leben verwenden und einsetzen können. Meistens wird dabei davon ausgegangen, dass jedes Kind lernen kann und schon vor Schuleintritt weiß, wie es das am besten macht. Doch wie wir bereits zu Beginn des Buches gelesen haben, hat das natürliche Lernen, das auf Beobachten, Nachmachen, Üben und schließlich Können beruht, nicht sehr viel mit dem Lernen, wie es in den (meisten) Schulen verstanden wird, zu tun. Welche Möglichkeiten gibt es nun, in der Schule gut lernen zu können?

Wie du vielleicht aus deiner eigenen Erfahrung weißt, gibt es dazu nicht »die beste« oder »die einzig richtige« Methode. Das ist ganz individuell von der jeweiligen Person und auch vom Fach abhängig. So kennst du möglicherweise Personen, die scheinbar nie lernen müssen, denen alles »wie von selbst« zuzufliegen scheint und die immer sehr gute Noten bekommen. Andere hingegen – nicht selten zählen wir uns selber dazu – scheinen sich zu bemühen und sowohl Zeit als auch Energie ins Lernen zu investieren, ohne dass sich der erhoffte oder erwartete Lernerfolg einstellt. Mit folgenden Lerntipps haben sehr viele meiner Schüler*innen Erfolg gehabt und konnten ihre schulischen Leistungen deutlich verbessern.

Pass im Unterricht auf und arbeite aktiv mit. Dieser Tipp scheint auf den ersten Blick eine Binsenweisheit zu sein. Tatsächlich ist es aber eine der einfachsten, angenehmsten und gleichzeitig besten und sichersten Methoden, wie du deinen Lernerfolg erreichen kannst. Das aktive Aufpassen im Unterricht hat gleich mehrere Vorteile:

- Du bekommst mit, um was es geht, du bist »up to date« mit dem Lernstoff, der in deiner Klasse gerade durchgenommen wird.

- Wenn du etwas nicht verstehst, kannst du sofort nachfragen und deine Lehrer*innen werden sich mit sehr großer Wahrscheinlichkeit die Zeit nehmen, es noch einmal zu erklären.

- Deine aktive Mitarbeit im Unterricht wird deinen Lehrer*innen auffallen und sie bekommen einen positiven Eindruck von dir. Sie fühlen sich – und vor allem ihre Arbeit – durch dich wertgeschätzt und anerkannt. Das unterstützt ein positives Selbstwertgefühl, was sich wiederum auf die Qualität des Unterrichts förderlich auswirken wird.

- In so gut wie allen Schulen ist die Mitarbeit ein wichtiger Bestandteil der Gesamtnote. Arbeitest du mit und bist ein aktiver Teil im Unterricht, hast du mit Sicherheit schon einmal in diesem Bereich gute Noten. Dadurch wird auch der Rest einfacher für dich.

- Da du sowieso in der Schule bist und am Unterricht teilnehmen musst, kannst du die Zeit so sinnvoll für dich nutzen. Wenn du im Unterricht aufpasst und mitarbeitest, wirst du außerhalb der Schule deutlich weniger zu tun haben. Weil du sehr viele Inhalte, Themen und Zusammenhänge bereits im Unterricht verstanden hast, sparst du dir Zeit zu Hause. Besseres Aufpassen in der Schule erhöht somit deine Freizeit.

- Durch aktive Mitarbeit im Unterricht fällst du nicht nur positiv auf, du lernst – neben den Fachkompetenzen des jeweiligen Unterrichtsgegenstandes – auch noch viele nützliche Kompetenzen und Fähigkeiten für dein weiteres Leben. Du wirst im Sprechen vor eine Gruppe immer sicherer, dein Selbstvertrauen und Selbstbewusstsein werden steigen, du beginnst, in der Schule gelerntes Wissen anzuwenden, und du bekommst ein immer besseres Gefühl dafür, wie du mit deinen Mitmenschen umgehen kannst.

Melde dich zu Wort, wenn du etwas nicht verstehst. Lass deine Lehrer*innen sofort wissen, wenn du etwas nicht verstanden hast und sie es bitte nochmal erklären sollen. Warte nicht darauf, dass jemand anderes aus deiner Klasse nachfragt. Das machen die anderen nämlich auch, und deshalb fragt oft niemand nach – und keiner hat was davon. Dass du etwas nicht verstanden hast, liegt nicht daran, dass du zu dumm bist, sondern daran, dass es einfach für dich noch nicht verständlich erklärt wurde. Solltest du während des Unterrichts allerdings gerade nicht aufgepasst und z. B. mit deinen Sitznachbar*innen gequatscht haben, dann liegt es eher daran, dass du nichts verstanden hast.

Versorge dich mit ausreichend Energie. Lernen und Schule sind echt harte Jobs. Du verbringst viel Zeit damit, Neues zu hören, zu verstehen und auszuprobieren. Dein Gehirn läuft im Dauerbetrieb und ist ständig gefordert. Je nach Quelle verbraucht das menschliche Gehirn ca. 20 bis 25 % unserer Energie. Es ist neben den Muskeln und der Leber also einer unserer Energie-Großverbraucher. Beim Lernen und geistigen Arbeiten steigt der Energiebedarf natürlich noch weiter an. Außerdem befindest du dich in einem Gebäude mit sehr vielen anderen Menschen. Da muss dein Immunsystem auch ordentlich was leisten. Alles Anforderungen, die dein Körper durchaus bringen kann, die ihn im Grunde nicht überfordern. Dafür ist es aber auch wichtig, dass du ihn mit ausreichend wertvoller und gesunder Energie versorgst.

Die meiste Energie bekommen wir durch den Sauerstoff aus der Atemluft. Achte beim Lernen deshalb darauf, dass du immer genügend frische Luft hast. Lüfte regelmäßig und großzügig – auch in den kalten Jahreszeiten. Nach dem Luftsauerstoff ist Wasser die wichtigste Zutat, um unseren Körper auf Touren zu halten. Trinke ausreichend frisches Leitungswasser. Gib deinem Körper die Möglichkeit, das Wasser zu verteilen und zu nutzen. Stelle dir eine Trinkflasche bereit und trinke immer wieder in kleinen Portionen. So tut sich dein Körper wesentlich leichter damit und kann das Wasser optimal nutzen. Fruchtsäfte, Softdrinks oder Kaffee schmecken dir vielleicht gut, sind als Flüssigkeitsquelle für deinen Körper aber ungeeignet. Die darin enthaltenen Stoffe müssen erst verarbeitet und verstoffwechselt werden und bedeuten somit einen Mehraufwand für deinen Körper. Und bitte: Lass beim (und auch vor dem) Lernen die Finger von Energy-Drinks. Die enthalten so viel Zucker, »Muntermacher« und andere Zutaten, dass dein Körper einen kurzen Energieschub bekommt, dann aber sehr rasch – und unaufhaltsam – »abstürzt«. Dadurch torpedierst du deinen eigen Lernerfolg. Gönne deinem Körper zuletzt auch noch leckere »Lern-Snacks«, Nahrungsmittel, die dir gut schmecken und gleichzeitig dein Gehirn unterstützen. Vollkornbrote, Äpfel, Nüsse oder auch zuckerfreie Müsliriegel sind hier besonders gut geeignet.

Wenn es ums Lernen zu Hause bzw. außerhalb der Schule geht, so sind die folgenden Techniken und Methoden sehr gut geeignet, dich zu unterstützen und dir zu mehr Lernerfolg zu verhelfen.

Wenn du dir etwas einfach nicht merken kannst. Es kann immer mal wieder vorkommen, dass du dir bestimmte Sachen einfach nicht merken kannst. Vielleicht handelt es sich um eine bestimmte Jahreszahl, eine Formel oder eine Vokabel; trotz fleißigen Lernens und oftmaligen Wiederholens bleiben diese Dinge einfach nicht in deinem Kopf. Greife in diesem Fall zu einem Zettel – am besten einer Haftnotiz – und schreibe dir das, was du dir merken möchtest darauf. Klebe dann den Zettel an einen Ort, an den du sehr häufig am Tag hinschaust, z. B. an den Rand deines Bildschirms, an die Decke über deinem Bett, an die Innenseite der Klotür oder neben deinen Spiegel. Achte darauf, dass du den Zettel nicht zu voll schreibst. Willst du dir z. B. mehrere Formeln merken, nimm für jede einen eigenen Zettel. Du kannst auch eine Formel auf viele Zettel schreiben und diese an mehreren unterschiedlichen Stellen anbringen. Da sich die Zettel an Stellen befinden, die du häufig am Tag anschaust, wirst du bei jedem Blick dorthin die Information auf dem Zettel (unbewusst) wahrnehmen und wiederholen. So lernst du quasi ohne extra Aufwand. Hast du dir den gewünschten Lerninhalt gemerkt oder brauchst du ihn nicht mehr, kommt die Haftnotiz einfach weg und du kannst bei Bedarf eine neue platzieren.

Teile dir deine Zeit ein. Mach dir fürs Lernen einen Zeitplan. Wann kannst du besonders gut lernen? In der Früh, mittags, am Nachmittag oder bist du mehr der Abend-Typ? Wenn du weißt, wann du besonders gut und erfolgreich lernen kannst, nutze vor allem diese Tageszeiten dafür. Auch wenn das vielleicht nicht immer möglich ist, versuche, dich nach deinen individuellen »Lernzeiten« zu richten. Darüber hinaus ist es ratsam, dir deine Zeit so einzuteilen, dass du nicht überfordert wirst. Beginne vor

Klassenarbeiten und Prüfungen rechtzeitig mit dem Lernen. Halte dir auch Zeiten für Erholung und andere Aktivitäten frei. Nimm dir keine »Monsterlerntage« vor. An einem Tag mehr als vier Stunden konzentriert und aufmerksam zu lernen ist für die meisten Menschen nicht möglich. Teile dir deinen Lernstoff auf und überlege dir zu Beginn, was du wann lernen willst. So kannst du auch gleich das Wiederholen von bereits Gelerntem mit einplanen.

Arbeite in Intervallen. Sowohl was die Lerninhalte als auch die Lernzeit betrifft: Für erfolgreiches Lernen ist es wichtig, dass du dir immer wieder Pausen gönnst. Spätestens nach einer Stunde intensiven Lernens solltest du dir eine Pause von 10 bis 15 Minuten gönnen, in der du dich bewegst, frische Luft tankst und deine Energiereserven auffüllst. Gerade für wichtige Prüfungen erscheint der Lernstoff oft sehr umfangreich und herausfordernd. Das kann schon einmal bedrückend sein und wirken, als sei es nicht zu schaffen. Hier ist der Trick, den Lernstoff auf kleine Portionen aufzuteilen. Musst du z. B. vier unterschiedliche Themen für eine Mathematikarbeit beherrschen, betrachte nicht alle vier Themen auf einmal, sondern nimm dir eines nach dem anderen vor. Kleine Lernportionen sind übersichtlich, einfacher zu lernen und wirken viel weniger herausfordernd auf uns. Das erhöht den Lernerfolg und auch die Lust am Lernen.

Arbeite mit Freude und Belohnungen. Du kannst am besten lernen, wenn du mit Freude und Begeisterung bei der Sache bist. Dann verfügst du über ausreichend Energie, bist und bleibst konzentriert und willst von dir aus immer mehr wissen, lernen und erfahren. Doch wie wir wahrscheinlich alle wissen, ist das mit der Begeisterung fürs Lernen nicht immer eine so einfache Sache. Vielleicht sind wir gerade schlecht drauf, es gibt andere, interessantere Sachen zu tun oder die Lerninhalte an sich langweilen uns einfach. In solchen Fällen arbeite mit Belohnungen. Nimm dir vor, dir etwas Gutes zu tun, wenn du ein bestimmtes Lernpensum erfüllt hast. Gönn dir etwas, das dir Freude macht, wenn du erreicht hast, was du dir vorgenommen hast. Eine weitere gute Möglichkeit, die Lernfreude zu erhöhen, ist, gemeinsam mit Freund*innen zu lernen. Das geht übrigens auch dann sehr gut, wenn ihr nicht das Gleiche lernen müsst. So kannst du z. B. vortrefflich Mathematik üben, während deine Freund*innen Englisch oder Geschichte büffeln. Achte beim Lernen in Gesellschaft aber bitte darauf, dass ihr euch gegenseitig nicht vom Lernen abhaltet und eure Zeit mit Reden oder Blödeleien verbringt. Das (Reden und Blödeln) sind wichtige Aktivitäten. Verlegt die aber in eure gemeinsamen Lernpausen.

Fasse deinen Lernstoff schriftlich zusammen. Lernen funktioniert, indem du dich mit dem Lernstoff beschäftigst und dich mit ihm auseinandersetzt. Eine sehr gute Methode, wie du rasch zu einem nachhaltigen und positiven Lernergebnis kommst, ist, dir deinen Lernstoff schriftlich zusammenzufassen. Wenn du Neues erarbeiten sollst, ist es gut und wichtig, dass du dir deine Unterlagen, deine Schulbücher usw. aufmerksam durchliest. Es ist sehr effektiv, wenn du die Informationen, die du lernen möchtest, für dich gleich während des Durchlesens schriftlich zusammenfasst. Das hat gleich mehrere Vorteile. Zum einen verarbeitest du den Lernstoff besser. Du befasst dich intensiver mit ihm, weil du nicht nur einen Text liest, ohne ihn vielleicht zu erfassen. Um etwas Geschriebenes bzw. Gelesenes in neue, eigene Worte fassen zu können, musst du es verstehen bzw. dich damit beschäftigen.

Dieses Überdenken, Neuformulieren und Zusammenfassen deines Lernstoffes sind ausgezeichnete Wege, um ihn dir einzuprägen und zu merken. Das wird dir auch später bei der Prüfung bzw. bei deinem Test behilflich sein. Du hast nämlich bereits einmal das neue Wissen in für dich verständliche Worte gebracht und schriftlich wiedergeben. Dein Gehirn kann in der Prüfungssituation darauf zurückgreifen, und du wirst schneller, leichter und sicherer die Antworten auf die Testfragen formulieren können. Ein weiterer Vorteil des schriftlichen Zusammenfassens ist, dass du nicht nur deine Augen beim Lesen, sondern auch deine Hand beim Schreiben nutzt, um zu lernen. Und je mehr Sinne du beim Lernen einsetzt, umso größer sind die Chancen, damit erfolgreich zu sein. Außerdem bekommst du deine eigene, individuell gestaltete Zusammenfassung. Wenn du also den Lernstoff ein zweites, drittes und viertes Mal wiederholen willst, kannst du das mit deiner Zusammenfassung tun und musst dir nicht nochmal alle Infos und relevanten Fakten aus deinem Schulbuch zusammensuchen. Das spart Zeit und erhöht die Freude am Lernen enorm. Ein weiterer Vorteil des schriftlichen Zusammenfassens liegt darin, dass du deinen Lernfortschritt, das, was du beim Lernen gemacht hast, physisch in der Hand halten kannst. Du siehst also, was du geleistet hast. Das wiederum motiviert, gibt Energie und macht es dir noch leichter, am Lernen dranzubleiben.

Trainiere mit deinen Schulwerkzeugen. Wenn du lernst, verwende immer auch dieselben Hilfsmittel, die du später bei deiner Prüfung verwenden wirst. Damit meine ich nicht etwa deine Spickzettel. Verwende den Taschenrechner, das Schreibzeug (Füller, Bleistift, Farben, Radierer usw.), das Geodreieck und die Formelsammlung, die du später auch in der Schule bei deiner Arbeit benutzen wirst. So lernst du den sicheren, schnellen und richtigen Gebrauch genau dieser Werkzeuge, was dir in der Prüfungs-Stresssituation Sicherheit gibt und Zeit spart. Außerdem wirst du genau wissen, wo du in deiner Formelsammlung nachschauen musst, um etwas Bestimmtes zu finden, was ebenfalls deine Ruhe und Gelassenheit fördert. Bei deinem Taschenrechner wirst du dich sehr gut auskennen, und die richtige Tasteneingabe wird wie selbstverständlich für dich sein. Mit deinen Lieblingsschreibwerkzeugen wirst du flüssiger und besser schreiben können.

Lerne dort, wo du dich wohlfühlst. Ein ganz wichtiger Punkt, um erfolgreich lernen zu können, ist neben deiner Motivation und Begeisterung deine Lernumgebung. Schaffe dir einen Lernort, an dem du dich wohlfühlst, an dem du entspannt, in Ruhe und konzentriert lernen kannst. Sorge für ausreichend Licht und frische Luft, damit dein Körper sich voll auf den Lernstoff konzentrieren kann. Fällt es dir leichter, in der Gesellschaft anderer zu lernen, tu dich mit Klassenkamerad*innen zusammen. Bist du eher der Alleinlern-Typ, nimm dir die Zeit, ziehe dich zurück und arbeite fokussiert für dich alleine.

Achte bei deinem Lernplatz darauf, dass er dich nicht vom Lernen ablenkt. Räume nicht benötigte Sachen weg, schaffe dir genug Platz für deine

Lernunterlagen. Meistens reicht es aus, wenn du deine Schreibsachen, deine Lernunterlagen und deine Trinkflasche griffbereit hast. Mehr ist in der Regel nicht nötig. Zusätzliche Gegenstände erhöhen das Risiko, dass du dich ablenken lässt oder nicht zur Ruhe findest.

Wenn du gut mit Musik lernen kannst, dann höre »deine« Lieblings-Lernmusik, gerne mit Kopfhörern, so verminderst du auch gleichzeitig den Einfluss von unnötigen Nebengeräuschen. Ich persönlich lerne besser in Ruhe und ohne Musik, zum Schreiben (z. B. von diesem Buch) ist mir Musik aber sehr wichtig. Achte hier ganz auf deine individuellen Bedürfnisse. Wenn du Musik zum Lernen brauchst, versuche es mal mit Musik ohne Gesang und einmal mit Gesang. Vielleicht bemerkst du einen Unterschied. Wenn du mit Musik nicht lernen kannst, dann sorge für die von dir benötigte Ruhe. Zuletzt kannst du auch noch auf die Temperatur in deiner Lernumgebung Einfluss nehmen. Schaffe dir dein persönliches Lern-Wohlfühl-Klima, indem du bei offenem Fenster lernst oder dich in warme Klamotten einpackst.

Bereite dich – und deine Umgebung – gut aufs Lernen vor, achte dabei auch darauf, dass dein eigentliches Ziel das Lernen selber ist. Nimm dir also für die Vorbereitungen maximal fünf Minuten Zeit und beginne dann mit der Arbeit.

Dein Mobiltelefon, das Lernen und du. Das Mobiltelefon ist ein wichtiger Bestandteil unseres heutigen Lebens. Wir benutzen es sehr oft, es bietet uns eine Vielzahl von nützlichen Anwendungsmöglichkeiten, und wir haben meist viele und wichtige Informationen darauf gespeichert. Beim Lernen kann es dir z. B. als Musikquelle dienen, du kannst es für Recherchen benutzen oder aber als Taschenrechner. Wenn du es aktiv zum Lernen nutzt, lass deine Freund*innen vorher wissen, dass du dir jetzt eine Lerneinheit gönnst und für sie die nächsten ein, zwei Stunden (je nachdem, wie lange du vor hast zu lernen) nicht erreichbar bist. Das hat zwei Vorteile: Du wirst von ihnen in Ruhe gelassen und nicht abgelenkt und durch diese Info unterstützt und motivierst du deine Freund*innen, es dir gleichzutun und auch zu lernen. Wenn du dein Mobiltelefon nicht direkt zum Lernen brauchst, schalte es auf lautlos, lege es aus deinem Sichtfeld oder aber mit dem Display nach unten, sodass du nicht durch eintreffende Nachrichten abgelenkt wirst.

Es gibt unterschiedliche Lerntypen. Es ist sinnvoll, dein Lernverhalten auf deinen Lerntyp auszurichten. Über die unterschiedlichen Lerntypen gibt es bereits sehr viele, ausgezeichnete Bücher und Informationen, deshalb möchte ich hier nur kurz darauf eingehen. Grundsätzlich werden der visuelle, der auditive, der kommunikative und der motorische Lerntyp unterschieden. Für den visuellen Lerntyp ist es wichtig, die Informationen mit den Augen aufnehmen zu können. Das Lernen mit Bildern, Grafiken, Texten und anderen Arten von Visualisierungen unterstützt diesen Typen besonders beim Lernen. Der auditive Typ nutzt fürs Lernen besonders seinen Gehörsinn. Er liest sich Texte gerne selber laut vor, hört sich Videos und Vorträge an, arbeitet mit Musik und Klängen und kann sich Informationen besonders gut merken, wenn er sie sich immer wieder laut vorsagt und wiederholt. Für den kommunikativen Lerntyp ist es wichtig, sich über den Lernstoff mit anderen auszutauschen. Er lernt am besten, wenn er mit einer anderen Person darüber spricht, Lerninhalte gemeinsam durchdenkt und erarbeitet. Erklärungen von sich selbst oder anderen sind sehr wichtig für ihn. Der motorische Typ braucht beim Lernen Bewegung. Für ihn ist es wichtig, dass er beim Lernen seinen ganzen Körper einsetzen und nutzen kann. Dieser Typ wird sich beim Auswendiglernen von Formeln durch seine Lernumgebung bewegen. Oder er nimmt einen Ball oder etwas Ähnliches in die Hände, um während des Lernprozesses ganz nebenbei damit zu spielen und zu hantieren.

Wenn du für dich weißt, welcher Lerntyp du bist bzw. welches Lernverhalten du hast, nutze diese Information für dich beim Lernen. Noch etwas zum Abschluss: So gut wie niemand von uns ist ein Lerntyp in »Reinform«. Üblicherweise ist unser persönliches Lernverhalten eine Mischung aus allen vier Lerntypen, die meisten von uns haben aber einen eindeutig bevorzugten Lerntyp. Wenn du also besonders gut visuell lernen kannst und dabei dennoch gerne Musik hörst, dann mache es genau auf diese Art und Weise. Es wird für dich der beste Weg zum Lernerfolg sein.

An dieser Stelle möchte ich dich auch noch auf das Buch »Die geheimen Tricks der 1,0er-Schüler« von Tim Nießner hinweisen. Dort findest du sehr viel Interessantes und Nützliches, vor allem dann, wenn du nicht nur durch die Schule kommen willst, sondern das auch noch mit ausgezeichneten Noten.

Prüfungen

Test, Wiederholungen, Lernzielkontrollen, Klassenarbeiten, Klausuren, kurz zusammengefasst Prüfungen gehören (leider) zum Schulalltag. Im Kapitel *Das Mathe-Trauma* haben wir uns ja bereits ausführlich mit dem Thema Prüfungsangst und dem positiven Umgang damit bzw. der Überwindung davon beschäftigt. Hier möchte ich dir nun noch ein paar simple Tipps aus der Praxis zeigen, mit denen sich die unterschiedlichsten Prüfungssituationen – egal, ob mündlich oder schriftlich – erfolgreich meistern lassen.

Die Vorbereitung

Je nachdem, um welche Art von Überprüfung es sich handelt, weißt du bereits lange vor dem Termin Bescheid (z. B. bei Klausuren) oder aber du wirst erst direkt vor der Prüfung damit konfrontiert, weil sie nicht angekündigt wird. Grundsätzlich ist es am besten, immer mitzumachen und in jedem Fach »up to date« mit dem Stoff zu sein. Doch wie wir gerade vorher im Abschnitt »Lernstrategien« gesehen haben, gibt es unterschiedliche Lerntypen und unterschiedliche Lernmethoden. Und mal ehrlich: Wer hat bei durchschnittlich 13 unterschiedlichen Unterrichtsfächern die Zeit, die Lust und das Interesse, bei allen Fächern immer alles zu lernen bzw. sich überall so weit auszukennen, dass eine Prüfung jederzeit möglich ist? Tatsächlich kenne ich Schüler*innen, die dazu in der Lage sind und das auch gerne und freiwillig so machen. Doch auf die meisten von uns trifft das eher nicht zu.

Nimm dir die Zeit, die du brauchst. Und wie viel das ist, ist eine absolut individuelle Frage. Das hängt nicht nur von dir als Person ab, sondern auch von dem jeweiligen Unterrichtsfach. In manchen Gegenständen bist du top, der Unterricht interessiert dich bzw. dir fällt das Mitlernen leicht. Dort wird dein Zeitaufwand zur Prüfungsvorbereitung minimal sein. In anderen Fächern sieht es umgekehrt aus. Aus dem Unterricht hast du vielleicht wenig mitgenommen, für die Prüfung gibt es viel »Neues« zu lernen. Wenn du ehrlich bist, weißt du selbst am besten, wie viel Zeit du in welchem Unterrichtsfach zur Vorbereitung auf eine Prüfung brauchst. Eine Faustregel besagt, dass die Vorbereitungszeit in einem bestimmten Verhältnis zur Prüfungsdauer stehen soll:

Pro Prüfungsstunde brauchst du eine Woche Vorbereitung.

Für eine Arbeit, die eine Unterrichtsstunde (ca. 45 Minuten) dauert, ist also eine Woche Vorbereitung empfohlen. Ein Test, der ca. 20–25 Minuten (also eine halbe Schulstunde) dauert, ergibt demnach eine halbe Woche Lernzeit. Für einen kurzen Test (wir gehen mal von ca. fünf Prüfungsminuten aus) reicht demnach ein Lerntag aus. Wie gesagt, es handelt sich dabei um eine Faustregel. Viel wichtiger noch als diese Regel ist dein individuelles Lernbedürfnis. Und das kennt niemand so gut wie du.

Die Prüfung

Für die Zeit während der Prüfung fällt mir als Erstes immer der Satz von Douglas Adams ein, den er auf den Rücken seines Reiseführers durch die Galaxis geschrieben hat:

Don't panic! – Keine Panik!

Wie in allen Lebenssituationen ist es auch während einer Prüfung – ob groß oder klein – wichtig bzw. äußerst vorteilhaft, die Ruhe zu bewahren. Was sich scheinbar einfach anhört, ist nicht selten ein unerfüllbarer Wunsch von Schüler*innen. Dabei gibt es Möglichkeiten, die Ruhe zu bewahren bzw. wiederzufinden, falls sie mal dahin ist – was durchaus passieren kann und absolut okay ist.

Mach eine Atempause. Fühlst du dich überfordert, bekommst du Angst oder erlebst du einen Blackout, mach folgendes: Lege deinen Stift aus der Hand und schließe deine Augen. Atme tief ein und halte die Luft für einen kurzen Moment in deiner Lunge. Atme dann langsam wieder aus. Wiederhole das zwei- bis dreimal und konzentriere dich dabei bewusst auf das Atmen: Spüre die Luft durch deine Nase strömen, spüre, wie sich dein Bauch und dein Brustkorb heben, nimm die kurze Atempause wahr und fühle, wie die warme Luft wieder langsam durch deine Nasenlöcher aus deinem Körper strömt. Hast du so drei bis vier Atemzüge getan, öffne deine Augen, nimm deinen Stift zu Hand und mach bei deiner Prüfung weiter. Dort, wo du gerade eben aufgehört hast oder an einer ganz anderen Stelle – das ist gleichgültig und liegt bei dir. Sei dir sicher: Niemand wird mitbekommen, dass du dir eine Atempause gegönnt hast – alle deine Klassenkamerad*innen schreiben ja selber gerade eine Prüfung und achten nicht auf dich. Die ganze Sache dauert maximal 30 Sekunden – keine Zeit, die dir beim positiven Erledigen deiner Prüfung fehlen wird.

Frag bei Verständnisproblemen SOFORT nach. Wenn du eine Prüfungsfrage oder Aufgabe nicht verstehst bzw. du dir unsicher bist, ob du sie richtig verstanden hast, frage sofort bei deinen Lehrer*innen nach. Warte nicht, ob du nicht vielleicht doch noch eine Eingebung bekommst und die Aufgabe von selbst kapierst. Deine Lehrer*innen sind genau dafür da: Dich bei Verständnisschwierigkeiten zu unterstützen und es dir zu ermöglichen, dich voll und ganz auf die Aufgabenbeantwortung zu konzentrieren. Und sei dir sicher, deine Klassenkamerad*innen werden sich nicht über deine Frage wundern. Entweder sind sie so mit ihrer Prüfung beschäftigt, dass sie es gar nicht mitbekommen, oder sie sind froh und dankbar, dass du die Frage stellst und sie so die Antwort bekommen, die sie selber gerade suchen.

Gehe strategisch vor. Gerade bei Unterrichtsfächern, die du nicht zu deinen Stärken zählst, ist es sinnvoll, zu Beginn der Prüfung die gesamten

Prüfungsfragen bzw. -aufgaben durchzulesen. Ist das erledigt, beginne mit den Aufgaben und Fragen, bei denen du dir am sichersten bist. Oft wirst du diese sehr rasch beantworten und damit abhaken können. Das sichert dir gleich zu Beginn der Prüfung ein paar Punkte und gibt dir ein positives Gefühl. Hast du deine »sicheren« Aufgaben alle erledigt, wende dich jenen zu, bei denen es die meisten Punkte zu holen gibt. Zum Schluss widme dich den Fragen, bei den du dich vom Gefühl her am wenigsten auskennst. Schreibe – nach Möglichkeit – bei allen Aufgaben etwas hin, auch wenn es nicht viel ist oder die Frage nicht konkret beantwortet. Damit zeigst du deinen Lehrer*innen, dass du dich bemühst und jede ihrer Fragen und Aufgaben ernst nimmst.

Nimm dir Zeit. Zeit ist bei Prüfungen für viele von uns ein wichtiger Faktor. Wie schon erwähnt ist es wichtig, ruhig zu bleiben. Lass dir bei der Beantwortung deiner Prüfungsaufgaben, auch und vor allem bei denen, die du sicher richtig haben wirst, ausreichend Zeit. So vermeidest du Schlampigkeitsfehler und damit den Verlust (vielleicht) wertvoller Punkte. Lies auch die Angaben immer gründlich und aufmerksam durch. Oft erkennst du bereits beim ruhigen Lesen der Aufgabenstellung den Lösungsweg und tust dich dann viel leichter. Auch übersiehst du auf diese Weise keine wichtigen Fragestellungen oder Angaben. Wenn du eine Aufgabe nicht lösen kannst, mach zuerst etwas anderes und heb es dir für später auf. Es ist sinnvoll, sich Zeit für die Beantwortung deiner Fragen zu nehmen. Es ist aber absolut sinnlos, für eine Aufgabe die halbe Prüfungszeit zu verbrauchen, wenn du noch viele andere unbearbeitete Aufgaben vor dir hast.

Kontrolliere deine Arbeit. Wenn du mit der Prüfung fertig bist und noch Zeit hast, kontrolliere deine Antworten in Ruhe noch einmal durch. Hast du – wo immer möglich – alle Ergebnisse mit den dazugehörigen Einheiten angegeben? Hast du die Fragestellung auch wirklich beantwortet? Sind deine Endergebnisse als solche eindeutig zu erkennen? Hast du etwaige falsche Rechenversuche durchgestrichen bzw. als solche gekennzeichnet? Hast du alle Fragen bearbeitet oder vielleicht noch etwas übersehen?

Die Zeit danach

Geschafft! Was auch immer für ein Ergebnis rauskommen wird, du hast eine weitere Prüfungssituation bestanden. Wenn es dir Freude macht, dich erleichtert und entspannt, geselle dich zu jenen deiner Kamerad*innen, die sich gleich nach einer Prüfung treffen, um ihre Ergebnisse zu vergleichen und so ihre zu erwartende Note bestimmen wollen. Das kann Spaß machen, die Spannung abbauen und für Erleichterung sorgen. Bei mir war das eher selten der Fall. Nicht, dass ich nicht auch richtige Ergebnisse gehabt hätte. Mich persönlich hat aber das Nachbesprechen von Prüfungen im Kamerad*innenkreis eher genervt, also habe ich es meistens bleiben lassen. Eine Prüfung ist eine herausfordernde Situation, du hast viel Energie verbraucht. Tut dir was Gutes und fülle deine Energiereserven mit einem leckeren Snack und frischem Wasser wieder auf. Geh – wenn möglich – kurz ins Freie (oder zumindest an ein offenes Fenster) und atme ein paarmal tief durch. Bewege deinen Körper, schüttle dich, hüpfe auf und ab, mach ein paar Liegestütz. Tu das, was dir und deinem Körper guttut.

Manche meiner Schüler*innen erzählen mir, dass für sie die Zeit nach einer Prüfung (und vor Bekanntgabe des Ergebnisses) die schlimmste ist. Sie können nichts mehr tun und müssen warten. Das verstehe ich sehr gut. Tatsächlich kannst du nach dem Abgeben deiner Prüfung nichts mehr am Ergebnis ändern. Deshalb ist es auch sinnvoll, dich darauf zu konzentrieren, was vor die liegt, worauf du Einfluss nehmen kannst. Fällt dir das nicht leicht, versuche, dich bei wiederkehrenden Gedanken an eine bereits abgeschlossene Prüfung mit folgenden Worten zu unterstützen:

Ich habe mein Bestmögliches getan. Die Prüfung ist abgeschlossen, und ich bin hier. Mit allem, was vor mir liegt und auf mich zukommt, werde ich zurechtkommen. Ich bin gut, so wie ich bin.

Gerne darfst du die Formulierung nach deinem Geschmack und deinen Bedürfnissen verändern.

Mündliche Prüfungen

Die oben beschriebenen Tipps beziehen sich in erster Linie auf schriftliche Tests und Arbeiten. Doch natürlich spielen auch mündliche Prüfungen und Präsentationen eine wesentliche Rolle für Schüler*innen. Und je nach Typ kann ein mündlicher Leistungsbeweis herausfordernder sein als ein schriftlicher. Neben den zuvor erwähnten Methoden zum erfolgreichen Umgang mit Prüfungen gibt es noch folgende Tipps speziell für mündliche Tests.

Zeig, was du weißt. Antworte auf eine Frage mit dem, was dir dazu einfällt. Überlege nicht, ob vielleicht etwas anderes gemeint war. In so einem Fall werden dir deine Lehrer*innen ohnehin Bescheid geben. Wenn du redest, zeigst du, dass du die Prüfung ernst nimmst, dass du gelernt hast, dass du dich bemühst und dass du ehrlich gewillt bist, diese Überprüfung gut zu bestehen.

Sprich laut und deutlich. Achte beim Reden darauf, dass du gut verständlich sprichst. Das strahlt Sicherheit und Respekt aus. Natürlich sollst du deine Antworten nicht ins Klassenzimmer – oder gar deiner Lehrer*innen ins Gesicht – brüllen. Sprich aber mit fester, ruhiger und klarer Stimme. Fällt dir das schwer, weil du z. B. nervös bist, so nimm dir einen Augenblick Zeit, fokussiere dich neu, räuspere dich und beginn noch einmal mit deiner Antwort.

*Halte Kontakt zu deinen Lehrer*innen.* Eine mündliche Prüfung ist immer auch eine Beziehungssituation zwischen deinen Lehrer*innen und dir. Achte darauf, den Kontakt zu ihnen zu halten. Damit meine ich, dass du ihnen von Zeit zu Zeit in die Augen schaust, dass du ein freundliches – wenn möglich lächelndes – Gesicht machst und mit deiner Aufmerksamkeit bei ihnen bist, wenn sie gerade sprechen. Das erleichtert dir auch das Beantworten der Fragen, weil du besser aufgepasst hast.

Wenn eine Prüfung schiefgegangen ist

Im Leben einer jeden Schülerin bzw. eines jeden Schülers wird der Moment kommen, in dem in einer Prüfung schlecht abgeschnitten oder sie nicht bestanden wird. Das ist ganz normal und gehört zum Leben einfach dazu. Aus schiefgegangenen Prüfungen lernen wir sehr viel – darauf sind wir im Kapitel *Das Mathe-Trauma* bereits sehr detailliert eingegangen. Was kannst du aber direkt in der Situation machen, in der du erfährst, dass du die Prüfung verpatzt hast?

Als erstes: Don't panic! Bleib ruhig! Die Prüfung ist vorbei. Du hast sie verpatzt. Das war's auch schon. Mehr kommt da nicht bzw. wird da nicht passieren. Welche Folgen die versaute Prüfung haben wird, wird sich zeigen, es hat keinen Sinn, dir Sorgen über etwas zu machen, worüber du noch keine Sicherheit hast.

Frage nach. Frage deine Lehrer*innen, was genau das nun für dich bzw. deinen Schulerfolg bedeutet. Lass dir genau erklären, welche Auswirkungen das negative Ergebnis auf deine Situation haben wird. Und frage deine Lehrer*innen ganz direkt, was genau du nun tun kannst. Ist es möglich/wichtig/notwendig, das negative Ergebnis auszubessern? Wenn ja, wie genau kannst du das machen? Was genau wollen deine Lehrer*innen von dir, damit du in ihrem Fach positiv abschließen kannst bzw. damit du die Note, das Ergebnis bekommst, die bzw. das du haben möchtest? Zeig deinen Lehrer*innen mit deinen Fragen, dass du deine Schulkarriere ernst nimmst und dass du dir wichtig bist. Die meisten Lehrer*innen wissen so etwas zu schätzen. Und du wirst dich dadurch (positiv) von vielen anderen Schüler*innen unterscheiden, und deine Lehrer*innen werden dich in guter Erinnerung haben.

Sei deinen Eltern gegenüber offen. Aus eigener Erfahrung weiß ich nur allzu gut, wie schwer es sein kann, zu Hause von einer negativen Note zu berichten bzw. einzugestehen, dass die Leistung, die man erbracht hat, nicht ausreichend war. Wenn du mit deinen Eltern offen über deine Situation sprichst, ist die Wahrscheinlichkeit sehr hoch, dass du Unterstützung, Zuspruch und Stärkung bekommst. Mit ziemlicher Sicherheit haben sie in ihrer Schulzeit ganz ähnliche Erfahrungen gemacht und werden dich verstehen. Außerdem gibst du ihnen dadurch die Möglichkeit, für dich da zu sein. Aufgrund ihrer eigenen Erfahrungen können sie dir im Umgang mit der verpatzten Prüfung zur Seite stehen und mit dir gemeinsam einen Weg finden, wie du nach dieser »Niederlage« aufstehen und weitermachen kannst.

Werde aktiv. Eine Prüfung zu verhauen, ist kein Weltuntergang. Du wirst aus dieser Erfahrung viel lernen können, letzten Endes wird sie dich auf deinem Weg weiterbringen. Achte darüber hinaus darauf, dass du deinen Fehlschlag nicht auf die leichte Schulter nimmst. Ignoriere ihn nicht. Schau dir an und analysiere – gerne mit Unterstützung z. B. durch deine Eltern, Lehrer*innen oder auch professionelle Nachhilfelehrer*innen –, was dazu geführt hat. Wie genau kam es dazu, dass du diese Prüfung, diesen Test verpatzt hast? Finde für dich heraus, was du beim nächsten Mal anders machen kannst und willst, damit die kommenden Prüfungen wieder ein Erfolg für dich werden. Ansonsten kann es schnell passieren, dass du in einem Fach den Anschluss verpasst, im Unterricht nicht mehr mitkommst und so deine Schwierigkeiten in der Schule größer werden. Gerade in einem Fach wie Mathematik, in dem du zu Beginn Grundlagen lernst, die du für die weiteren Schuljahre brauchen wirst, können sich entstandene und nicht wieder aufgefüllte Lücken sehr lange negativ auf deinen Schulerfolg auswirken. Wirst du hingegen aktiv und nutzt deine Niederlagen als Chancen zur Weiterentwicklung, wirst du gestärkt daraus hervorgehen.

Lücken auffüllen

Im Schulalltag kann es immer wieder vorkommen, dass du eine oder auch mehrere Unterrichtseinheiten verpasst. Vielleicht aufgrund von Krankheit, weil du zu spät in die Schule kommst oder aus irgendeinem anderen

Grund. Es kann auch sein, dass du gewisse Themen in der Mathematik nicht verstanden hast, dich aber mit guten Leistungen bei anderen Themen »durchs Jahr retten« konntest. So oder so kann es passieren, dass Lücken in deinem Fachwissen entstehen. Je nach Thema der Lücke, kann das mehr oder weniger kaum Auswirkungen haben oder es kann negative Auswirkungen bis zum Ende deiner Schulzeit nach sich ziehen. Üblicherweise ist es clever und lohnenswert, Lücken in der Schul-Mathematik aufzufüllen – vor allem dann, wenn sie in den ersten sechs bis acht Schuljahren entstanden sind. Denn dort sollen die Grundlagen gebildet werden für all das, was danach noch kommt. Bist du z. B. unsicher im Umgang mit Brüchen, wird sich das bei vielen weiteren Themen, die im Laufe deiner mathematischen Schulkarriere auf dich zukommen, hinderlich auswirken.

Wie aber mit bestehenden Lücken umgehen? Was kannst du konkret tun, wenn du erkannt hast, dass dir (grundlegendes) Wissen fehlt?

Das Wichtigste gleich vorweg: Bewahre die Ruhe. Bereits sehr viele Menschen vor dir haben Wissenslücken gehabt, bemerkt und erfolgreich – und nachhaltig – aufgefüllt und ausgebessert. Also ist es auch für dich möglich, Verpasstes oder nicht Verstandenes nach- und aufzuholen. Nimm dir dafür – wenn möglich – Zeit, versuche oder erwarte nicht, Wissensrückstände aufzuholen, wenn du ohnehin gerade viel um die Ohren hast. So hat es wenig Sinn, Lücken in Mathematik auffüllen zu wollen, wenn du gerade kurz vor einer Englischschularbeit stehst, ein Referat vorbereiten musst und auch noch jede Menge Hausaufgaben zu erledigen hast. Zwar ist es wichtig, richtig und gut, erkannte Lücken so rasch wie möglich aufzufüllen, damit sie nicht noch größer werden und du im Unterricht wieder gut mitkommst. Achte dabei aber immer darauf, dass du auch die dafür nötige Energie, Zeit und Ruhe zur Verfügung hast.

Kannst du dich auf das Nachholen von verpasstem oder nicht verstandenem Lerninhalt konzentrieren, dann geht es meist schneller, als du denkst. Handelt es sich »nur« um einzelne verpasste Unterrichtsstunden, können dir deine Lehrer*innen in den meisten Fällen weiterhelfen. Auch ist es sinnvoll, dich bei deinen Mitschüler*innen zu erkundigen, Mitschriften auszuborgen und für dich abzuschreiben und auch etwaige Arbeitsblätter oder anderen Lernunterlagen, die während deiner Abwesenheit ausgeteilt, durchgemacht und bearbeitet wurden, zu kopieren bzw. zu bekommen. Hast du aber ein ganzes Thema verpasst oder einfach nicht verstanden, ist es clever, dir von Profis Unterstützung zu holen. Wie du das am besten angehen kannst, zeige ich dir im nächsten Abschnitt.

Die für dich passende Unterstützung finden

Es gibt Momente im Leben, da brauchen wir einfach Unterstützung, um weiterzukommen und eine Herausforderung zu meistern. Das ist ganz normal, menschlich und absolut okay. Es gibt Menschen, die denken, Unterstützung in Form von Nachhilfeunterricht anzunehmen, ist etwas für Verlierer. Doch Unterstützung anzunehmen, wenn du sie brauchst, ist kein Zeichen von Schwäche, Versagen oder gar eine Niederlage. Im Gegenteil: Es zeigt, dass du dir wichtig bist, dass du es mit deinem Erfolg und deinem Weg ernst meinst, dass du Verantwortung übernimmst. Und es zeigt, dass du dich selber gut kennst. Du erkennst den Zeitpunkt, an dem es sinnvoll ist, von den Erfahrungen, dem Wissen und Können anderer zu profitieren. Und es ist professionell. Hier ein einfacher Beweis dafür.

Vielleicht hast du schon einmal Hobbyspieler*innen beim Tennis zugesehen, oder vielleicht spielst du ja sogar selber Tennis. Nicht selten ist bei solchen Spieler*innen zu beobachten, wie sie sich über einen Fehler z. B. über einen missglückten Aufschlag ärgern. »Sowas passiert mir normalerweise nie!«, »Eigentlich kann ich das viel besser!« oder auch »Dieser blöde Platz/Schläger/Ball! Das kann ja gar nicht funktionieren.«, hört man diese Amateure (Dieser Begriff ist hier bitte auf keinen Fall abwertend zu verstehen!) nicht selten rufen. Mit dem vollen Ärger über diesen »unverschuldeten« Ausrutscher, der ihnen normalerweise »nie« passiert, wird dann weitergemacht und meistens häufen sich in Folge die Fehler, und der Frust steigt. Das Ergebnis sind jede Menge Ärger, eine miese Stimmung und mit Sicherheit keine Verbesserung der Situation (aus dem Fehler wurde nichts gelernt, der Aufschlag landet immer noch im Aus). Das

ist das Verhalten von Amateuren. Passiert Roger Federer ein Aufschlag-
fehler in einem Turnier, so ärgert er sich vielleicht auch darüber, vergisst
den Ärger aber recht schnell wieder und spielt weiter. Gleich nach dem
Spiel wird er sich aber seinen Trainer schnappen und mit ihm den verpatzten Aufschlag gründlich analysieren, bis er weiß, wo der Fehler lag.
Danach wird er die neuen Erkenntnisse auf dem Platz so lange trainieren,
bis er den Aufschlag beherrscht und sich sicher ist, dass ihm derselbe Fehler nicht mehr passieren kann. Er hat aus seinem Fehler etwas gelernt, er
hat sich Unterstützung geholt und sich weiterentwickelt. Das ist das Verhalten von Profis.

Merkst du also, dass du von alleine nicht weiterkommst bzw. dass du
Fehler machst, ist es gut, richtig und professionell, wenn du dir Unterstützung holst. Und der erste und wichtigste Schritt, um etwas mit Unterstützung von außen zu verändern – um überhaupt etwas zu verändern –,
ist, dass du es willst und dich dazu entscheidest. Der Input, fremde Unterstützung aufzusuchen und anzunehmen, darf ruhig von außen kommen,
die letzte Entscheidung, die Einwilligung dazu, muss aber von dir selber
kommen.

Hast du dich für Unterstützung entschieden, stellt sich die wichtige
Frage, wem du dein Vertrauen schenkst. Am naheliegendsten ist es, deine
Eltern oder Geschwister zu fragen. Wenn sie sich gut in Mathematik auskennen, du gut mit ihnen klarkommst und sie auch noch Zeit dafür haben
und gewillt sind, dich zu unterstützen, scheint die Idee sehr gut. Und ich
kenne tatsächlich Fälle, in denen (meistens) die Eltern ihren Kindern bzw.
Jugendlichen erfolgreich Nachhilfe geben. Doch das ist bei Weitem die
Ausnahme. Dies liegt nicht etwa daran, dass die Beteiligten nicht wollen
oder das sich die Eltern nicht wirklich in Mathematik auskennen. Es liegt
daran, dass sich Eltern und Kinder zu nahestehen. Die Beziehung zwischen Eltern und ihren Kindern ist so eng, dass eine erfolgreiche Unterstützung auf dieser Ebene kaum möglich ist. Das wird mit dem Alter der
Kinder immer deutlicher. Ist es in den ersten vier Schuljahren meistens
eine gute Idee (und von Erfolg gekrönt), wenn Kinder mit ihren Eltern lernen, so scheinen die Schwierigkeiten mit dem Alter der Kinder zu wachsen. Und das ist ganz normal so. Kinder lernen von ihren Eltern unglaub-

lich viel, sie bekommen sehr viel für ihr Leben von ihnen mit, sie müssen nicht auch noch Schulstoff von ihnen gelehrt bekommen. Viel effizienter ist es hier, sich externe Unterstützung zu holen, mit Personen, die nicht zur Familie gehören, zusammenzuarbeiten. Außerdem will auch das Unterrichten gelernt sein.

Unterrichten, das Vermitteln von Wissen, andere Menschen darin zu fördern, sich Wissen anzueignen und es zu nutzen, ist nämlich echte Arbeit. So wie nicht jeder Mensch ein delikates 7-Gänge-Menü zubereiten kann, so ist auch nicht jeder Mensch in der Lage zu unterrichten. Gute Nachhilfelehrer*innen sind echte Profis. Sie verstehen ihr Handwerk und werden auf dich und deine individuellen Bedürfnisse eingehen. Achte bei der Auswahl deiner Unterstützung darauf, dass auf deine Situation, deine Anforderungen und deinen Wissensstand eingegangen wird. Bei der Zusammenarbeit geht es um dich und deine Weiterentwicklung. Du und dein Lernerfolg stehen im Mittelpunkt. Deine Nachhilfelehrer*innen sind für dich da, nicht umgekehrt.

Professionelle Nachhilfelehrer*innen wissen um die Individualität ihrer Schüler*innen. Profis werden dich nicht mit vorgefertigten Universallösungen abspeisen. Gute Privatlehrer*innen wissen, dass eine Erklärung, die für eine Schülerin hilfreich war, bei einem anderen Schüler nicht zum Erfolg führen kann. Sie können dir viele unterschiedliche Herangehensweisen an ein Thema anbieten und es dir auf mehrere Arten erklären bzw. näherbringen.

Wenn du etwas nicht verstehst, dann sei dir sicher, es liegt wirklich nie daran, dass du zu dumm dafür bist – immer vorausgesetzt, dass du es verstehen willst. Es liegt einzig und alleine daran, dass es für dich bisher noch nicht verständlich erklärt wurde. Frage also sofort bei deinen Nachhilfelehrer*innen nach, wenn für dich etwas unklar ist. Teile ihnen so rasch wie möglich mit, wenn du etwas nicht verstehst, wenn du ihren Ausführungen nicht (mehr) folgen kannst. So hast du mehr von der Zusammenarbeit, und auch deine Unterstützer*innen können besser und gezielter auf dich eingehen. Und somit profitiert ihr beide davon.

Wie wir bereits gesehen haben, spielen Vertrauen und eine gute Beziehung eine wesentliche Rolle für deinen persönlichen Lernerfolg und

Lernfortschritt. Achte also bei der Auswahl deiner Nachhilfelehrer*innen darauf, dass du »gut mit ihnen kannst«. Achte darauf, dass sie auf dich und deine Bedürfnisse, deine Situation eingehen. Achte auch darauf, dass du dich in der Zusammenarbeit mit ihnen wohlfühlst und entspannt bist. Ein Profi wird dich z. B. nie über die Maßen unter Druck setzen oder dich zu etwas drängen, was du nicht willst. Es wird vorkommen, dass du an deine Grenzen kommst, dass du aus deiner Komfortzone herausmusst – das ist für echtes Lernen unumgänglich. Und das kann und wird anstrengend sein. Doch echte Profis werden dafür sorgen, dass du dich – wie ganz von selbst – in der Zusammenarbeit mit ihnen wohlfühlst. Auch wenn das in Wirklichkeit keine Selbstverständlichkeit ist, sondern eine echte Herausforderung für deine Nachhilfelehrer*innen darstellt und mit Energieaufwand verbunden ist. Aus jahrelanger Erfahrung kann ich dir sagen, die Arbeit als Nachhilfelehrer bedarf viel an Einfühlungsvermögen, Vorbereitung und Präsenz.

Eine gute Möglichkeit zu überprüfen, ob eine Person als Nachhilfelehrer*in für dich geeignet ist, ist, eine Probeeinheit zu absolvieren. Dabei erlebst du die Arbeitsweise und kannst ein Gefühl für eine mögliche zukünftige Zusammenarbeit bekommen. Von Angeboten, bei denen du gleich zu Beginn mehrere Einheiten buchen bzw. kaufen musst, lass bitte unbedingt die Finger.

Hast du also für dich jemanden gefunden, mit dem du zusammenarbeiten willst, sei dir bitte bewusst, dass professionelle Unterstützung auch ihren Preis hat. Nicht immer ist die billigste Möglichkeit, die du finden kannst, auch die günstigste. So sparst du vielleicht bei der einzelnen Einheit Geld, brauchst aber in Summe mehr Stunden, um ein Lernziel zu erreichen.

Wenn du noch keine Erfahrung mit professioneller Nachhilfe gemacht hast, erkundige dich bei Mitschüler*innen, Freund*innen und Bekannten, ob sie dir Empfehlungen geben können. Auch im Internet findest du natürlich eine Vielzahl an möglichen Angeboten, und es sind auch sehr viele gute, seriöse und ernst zu nehmende Anbieter dabei. Achte dort aber besonders darauf, ob du auch das bekommst, was du dir erwartest und wofür du letzten Endes bezahlen wirst.

Tipps für Faule

Oft werde ich in meiner Arbeit mit Kindern und Jugendlichen gefragt, ob es nicht eine Möglichkeit gibt, das Ganze abzukürzen und zu vereinfachen. Kann ich Mathe nicht auch schaffen, wenn ich einfach nur ein bisschen was tue und mich nicht groß anstrenge?

Tatsächlich ist es möglich, die Schule auch in Mathematik gut abzuschließen, wenn man die ganze Sache gemütlich angeht. Schaffst du es, folgende Punkte konsequent und verlässlich zu berücksichtigen, ist es durchaus wahrscheinlich, dass du darüber hinaus nicht mehr viel zu tun brauchst.

Pass im Unterricht auf und arbeite mit. Wenn du im Mathematikunterricht aufpasst und mitarbeitest, dann passiert viel vom Lernprozess bereits vor Ort in der Schule. Die Zeit, die du sowieso im Unterricht verbringen musst, nutzt du, um mitzulernen und die Inhalte zu verstehen. Wenn du lieber mit deinen Sitznachbarn redest, als dich auf den Unterricht zu konzentrieren, unterstützt euch gegenseitig. Vereinbart untereinander, dass ihr im Unterricht voll bei der Sache bleibt und euch gegenseitig dabei unterstützt. Grundsätzlich gilt: Je besser du im Unterricht mitarbeitest und je aufmerksamer du bist, umso weniger Zeit musst du darüber hinaus für das Lernen investieren.

Mach deine Hausaufgaben sofort. Gerade für »gemütliche« Schüler*innen ist das Erfüllen bzw. Erledigen ihrer Hausaufgaben oft ein heikles Thema. Obwohl ihnen der Nutzen und Sinn von Hausaufgaben durchaus bewusst ist, fällt es ihnen manchmal überraschend schwer, diese dennoch (rechtzeitig) zu erledigen. Hier ist es oft hilfreich, die Aufgabe gleich direkt nach der Schule zu erledigen oder sie gemeinsam mit Klassenkamerad*innen zu machen. In diesem Fall achte aber darauf, dass du nicht abschreibst, sondern dir deine eigenen Gedanken machst. Üblicherweise fällt es sehr viel leichter, die Hausaufgaben noch am selben Tag zu erledigen. Du erinnerst dich viel besser, was im Unterricht besprochen wurde, und kennst dich bei den Aufgaben vermutlich eher aus, als wenn du vor dem Erledigen mehrere Tage verstreichen lässt.

Lass dir helfen. Nimm dir jede Unterstützung, die du bekommen kannst. Lass dir von deinen Eltern, Mitschüler*innen und Lehrer*innen alles so lange erklären bzw. zeigen, bis du es für dich verstanden hast. Ob du etwas wirklich verstanden hast oder nicht, kannst du ganz leicht überprüfen: Wenn du jemandem (z. B. deinen Eltern, deinen Freund*innen oder deinen Geschwistern) den Lernstoff mit deinen eigenen Worten beschreiben bzw. erklären kannst, dann kannst du davon ausgehen, dass du den Stoff auch tatsächlich verstanden hast. Wenn du für die Erklärung genau dieselben Worte verwenden musst, wie sie deine Lehrer*innen bzw. dein Schulbuch verwendet haben, dann ist es ratsam, dir die ganze Sache noch etwas besser einzuprägen bzw. verständlich zu machen.

Frag nach dem Sinn: Wenn du etwas nicht lernen möchtest, frag immer nach dem Sinn dahinter. Wieso sollst du genau das lernen? Was genau ist der Nutzen für dich, was hast du davon? Gerade in Mathematik ist es meistens so, dass der Lernstoff auf bereits Gelerntem aufbaut und du das, was du in einer Klasse lernen sollst, für die nächste Klasse brauchst. In so einem Fall ist es das Beste, wenn du immer up to date bleibst. Dann fällt dir das Lernen von neuem Stoff leichter, du brauchst in Summe deutlich weniger Zeit- und Energieaufwand und hast so mehr von beidem für die Dinge, die dir am Herzen liegen. Als Motivationshilfe kann auf die Frage, wieso du etwas lernen sollst, folgende Antwort hilfreich sein: Weil du einen Schulabschluss möchtest!

Und damit du den bekommst, musst du das liefern, was von dir gefordert wird. Da ändert auch kein Murren oder Sich-Ärgern etwas daran. Das kostet nur wieder unnötig Energie und ändert nichts an den Tatsachen. Also gerade, wenn du dich eher zu den Minimalist*innen beim Lernen zählst: Beachte und befolge die eben gelesenen vier Tipps und du wirst SEHR viel weniger Stress in der Schule erleben. Auch dein Energie- und Zeitaufwand für deinen positiven Schulabschluss werden geringer werden. Du wirst mit weniger Aufwand mehr schaffen. Und das auch noch mit einem besseren Gefühl. Und es wird sich mit ziemlicher Sicherheit auch dein Verhältnis zu deinen Lehrer*innen positiv verändern.

Umgang mit Lehrer*innen

Die Arbeit, die Lehrer*innen machen, ist eine sehr schöne, lohnenswerte, sinnvolle und wichtige. Das weiß ich aus eigener Erfahrung. Auch wenn ich nur vergleichsweise kurz – acht Schuljahre lang – als Lehrer tätig war, konnte ich in dieser Zeit erleben, wie bedeutsam, verantwortungsvoll und fordernd diese Tätigkeit ist. Und ich habe sie geliebt. Und das tue ich noch immer. Obwohl ich heute nur noch an einzelnen Tagen zur Unterstützung oder für Vorträge und Seminare an Schulen tätig bin, stellt das Unterrichten einen der Schwerpunkte meiner beruflichen Tätigkeit dar. Ich war auch eine Zeit lang in der Ausbildung von zukünftigen Lehrer*innen tätig. Dort durfte ich an der Universität in Graz mit jungen Menschen arbeiten, die sich dazu entschlossen hatten, selber einmal als Lehrer*innen ihren Beitrag zur Gesellschaft leisten zu wollen. Und von ausnahmslos allen diesen jungen Studierenden hörte ich Sätze wie »Ich will Lehrer*in werden, weil mir das Unterrichten Spaß macht. Weil ich mit Kindern bzw. Jugendlichen arbeiten möchte. Weil ich junge Menschen darin unterstützen möchte, zu eigenverantwortlichen, selbstbewussten und kritischen Mitgliedern unserer Gesellschaft zu werden.« Und nicht selten hatten diese zukünftigen Lehrer*innen dabei ein Strahlen auf dem Gesicht.

Ich glaube, dass alle Lehrer*innen am Anfang ihrer Berufslaufbahn diese oder eine sehr ähnliche innere Haltung haben. Lehrer*in ist ein harter Job, es gibt immer viel zu tun, die Verantwortung ist groß, und man ist immer mit vielen Menschen zusammen. Das ist auf der einen Seite sehr schön, auf der anderen Seite braucht das aber auch sehr viel Energie. Energie, die man im Idealfall von den Schüler*innen, den Kolleg*innen und Eltern zurückbekommt. Von außen betrachtet, sieht der Job als Lehrer*in recht einfach aus. Man hat »nur« ca. 20 Unterrichtsstunden pro Woche (je nach Fach und Schultyp kann diese Zeit variieren), ca. 13 Wochen Ferien, und der Arbeitsplatz ist scheinbar absolut krisensicher. Auf den ersten Blick mag das stimmen, doch kenne ich keine Lehrer*innen – und aufgrund meiner beruflichen Tätigkeit kenne ich wirklich sehr, sehr viele davon –, die nach rund 20 Wochenstunden mit der Arbeit fertig sind. Es kommen noch einmal mindestens genauso viele Stunden Vor- und Nachbereitung dazu. Auch das Korrigieren von Hausaufgaben, Tests und Schularbeiten ist zeitintensiv. Daneben gehört es auch zu den Aufgaben von Lehrer*innen, an Konferenzen, Teamsitzungen und Fachgruppentreffen teilzunehmen, die teilweise wöchentlich stattfinden. Und auch die Begleitung von Klassenfahrten, wie z. B. das Mitfahren auf eine Sportwoche, zum Skikurs oder zum Auslandsaufenthalt in Großbritannien, Spanien oder Frankreich, ist echt harte Arbeit. Nicht nur sind Lehrer*innen bei solchen Aktivitäten für sehr viele Kinder und Jugendliche auf einmal verantwortlich, nein, sie müssen quasi den ganzen Tag durcharbeiten. Natürlich macht so eine Klassenfahrt Freude, Lehrer*innen kommen durchaus gerne mit und auch das Zusammensein mit den Schüler*innen ist ein anderes als im Regelschulbetrieb. Dennoch war ich noch jedes Mal nach so einer Woche fix und fertig und froh, mich zu Hause mal wieder richtig ausschlafen zu dürfen.

Bei all den Anforderungen, die der Lehrer*innen-Beruf mit sich bringt, ist es – meiner Meinung nach – nicht verwunderlich, dass manche Menschen mit dem Alter die Freude an dieser Arbeit verlieren. Dennoch ist es wichtig, von Lehrer*innen zu erwarten, dass sie ihren Job gut und verantwortungsvoll ausüben. Im Idealfall mit Begeisterung für ihre Fächer und Liebe zu ihren Schüler*innen. Wie überall, wo man es mit vielen Menschen zu tun hat, wird man auch in der Schule auf Personen treffen, die einem sympathisch sind oder die man weniger mag. Das ist ganz normal und wird auch bei den Lehrer*innen so sein, mit denen man es während seiner Schulzeit zu tun hat. Und es ist auch gar nicht notwendig, mit allen gleich gut auszukommen.

Hast du Lehrer*innen, die du magst, die dich begeistern und sogar inspirieren, so ist das etwas Wunderbares. Erfahrungsgemäß trifft man in seiner Schüler*innenlaufbahn auf eine Handvoll solcher Pädagog*innen.

Wenn möglich, lasse es diese Lehrer*innen wissen, dass du dich von ihnen unterstützt, inspiriert und gut begleitet fühlst oder gefühlt hast. Auch wenn du das erst Jahre später erkennst, es wird sie sehr freuen, dieses Feedback zu bekommen, es wird sie in ihrem Tun bestärken, und so werden auch viele Schüler*innen nach dir von diesen Persönlichkeiten profitieren.

Eine Tischlerin macht Möbel und sieht am Ende ihres Tages die »Früchte« ihrer Arbeit. Sie kann die fertigen Gegenstände betrachten, sie anfassen und sie verwenden. Sie bekommt rasch eine Rückmeldung über den Erfolg und die Qualität ihrer Arbeit. Bei Lehrer*innen ist das nicht so. Auch wenn sie herausragende Leistung zeigen und ihre Schüler*innen nach besten Möglichkeiten fördern, sehen sie – wenn überhaupt – meist nur sehr selten die »Endprodukte« ihres Tuns. Oft kommt das Gelernte erst viel später zum Tragen, der Einfluss und die Vorbildwirkung, den bzw. die Lehrer*innen auf ihre Schützlinge gehabt haben, zeigt sich oft erst Jahre später. Umso wertvoller ist es, wenn sie eine positive Rückmeldung und ein Danke für ihr Tun bekommen.

Es gibt auch Lehrer*innen, die scheinbar den falschen Beruf gewählt haben, die verbittert, unfreundlich oder desinteressiert auf ihre Schüler*innen und Kolleg*innen wirken. Mit solchen Personen zusammenzuarbeiten, ist wahrlich kein Genuss. Hast du es mit solchen Lehrer*innen zu tun, erinnere dich daran, dass auch sie einmal voller Begeisterung und Visionen in die Lehrer*innen-Ausbildung gestartet sind. Bleibe im Umgang mit ihnen bitte immer respektvoll – niemand weiß, was sie dazu getrieben hat, sich so zu verhalten. Bleibe aber auch – und das ist wichtig – dir selber gegenüber respektvoll. Achte also deine eigenen Bedürfnisse und Möglichkeiten. Es ist gut und wichtig, dass du deine Meinung sagst. Achte darauf, sie so zu äußern, dass dein Gegenüber sie auch annehmen kann. Kommst du in einer Situation mit deinen Lehrer*innen nicht weiter, so bitte andere, euch zu unterstützen. Deine Klassen- oder Schulsprecher*innen, andere Lehrer*innen von dir, die Direktorin bzw. der Direktor deiner Schule oder auch deine Eltern können vielleicht vermittelnd weiterhelfen. Sei dir gewiss, dass auch die noch so unfreundlich wirkenden Lehrer*innen im Grunde eine positive, förderliche und nutzbringende Zusammenarbeit mit ihren Schüler*innen und Kolleg*innen wollen.

Umgang mit Eltern

Eltern zu sein, ist eine Herausforderung. Selber habe ich das Glück, Vater von drei wundervollen Töchtern zu sein. Es gibt Augenblicke im Elterndasein, da ist man sich all des Schönen, das die Elternschaft mit sich bringt, voll bewusst: Es gibt jemanden, den man liebt, man wird zurückgeliebt, man darf junge Menschen beschützen, unterstützen, begleiten und sie aufwachsen und sich entwickeln sehen. Und dann gibt es Augenblicke, in denen man nur das Schwierige und Anstrengende am Elternsein sieht: Man ist gebunden, bekommt nicht immer genug Schlaf, muss Geld auftreiben, um die Kinder zu versorgen, es gibt Streit wegen irgendwelcher Belanglosigkeiten oder Grund zur Sorge wegen Erkrankungen oder Unfällen. Kurzum, Eltern zu sein, ist keine leichte Aufgabe und durchaus mit einer Achterbahnfahrt vergleichbar.

Vielen Lehrer*innen fällt es leicht, mit Eltern zu arbeiten, weil sie selber Eltern sind und deshalb deren Position und Lage recht gut nachvollziehen und verstehen können. Dennoch ist Elternarbeit herausfordernd. Im Idealfall nehmen sich Lehrer*innen Zeit für die Fragen, Sorgen und Gedanken der Eltern und gehen nach Möglichkeit darauf ein. Darüber hinaus ist es wichtig, klare Grenzen zu setzen, wenn es ansonsten zu einer Überforderung kommt. Lehrer*innen sind eben »nur« Lehrer*innen und keine Ersatzeltern oder sonstige »Wunderwutzis«, die neben ihrem Unterricht auch noch die Verantwortung für die Erziehung der ihnen anvertrauten Schüler*innen übernehmen müssen. Oft ist im Umgang mit Eltern ein klares, bestimmtes und respektvolles »Nein« die bessere Wahl im Gegensatz zu Versprechungen oder Übereinkünften, von denen man vorher schon weiß, dass man sie nicht einhalten kann oder will. Gibt es in der Zusammenarbeit zwischen Eltern und Lehrer*innen Schwierigkeiten, die sich von den Beteiligten alleine nicht lösen oder verändern lassen, ist es auch hier ratsam, externe Unterstützung anzunehmen. Vielleicht ist die Sichtweise von Kolleg*innen, der Schulleitung oder anderen Eltern bzw. den Elternvertreter*innen genau das, was in der Situation weiterhilft.

Für Schüler*innen kann das Zusammenleben mit ihren Eltern auch durchaus herausfordernd sein. Zum Glück gibt es zu diesem Thema (Umgang von Eltern und Kindern miteinander) schon sehr viele gute Bücher und Expert*innen, sodass ich hier nur kurz auf die Besonderheiten im Umgang von Kindern mit ihren Eltern vor dem Hintergrund der Schule eingehen werde. Grundsätzlich bin ich der Meinung, dass es immer von Vorteil für alle Beteiligten ist, wenn sie offen und ehrlich miteinander umgehen. In den meisten Fällen wollen Eltern ihre Kinder unterstützen, für sie da sein und sie zu eigenverantwortlichen und selbstständigen jungen Erwachsenen werden lassen.

Wenn du in der Schule Probleme oder Schwierigkeiten hast, ist es eine gute Idee, mit deinen Eltern darüber zu reden. Nicht, weil du alleine zu dumm oder gar unfähig bist, damit klarzukommen. Sondern weil es deinen Eltern zeigt, dass du Vertrauen in sie hast, dass du verantwortungsbewusst bist und dass sie sich auf dich verlassen können. Es beruhigt ungemein, wenn man weiß, wie es einem Menschen, den man liebt und für den man vielleicht auch noch dazu verantwortlich ist, geht. Es ist besser zu wissen, welche Sorgen jemand hat, als gar nichts von ihm zu wissen. Außerdem haben deine Eltern – ob du es glauben willst oder nicht – mehr Lebenserfahrung als du und können dir neue und andere Perspektiven und Möglichkeiten im Umgang mit deinen Herausforderungen aufzeigen. Es ist okay und sogar wichtig, wenn du von deinen Eltern erwartest, dass sie dich unterstützen und für dich da sind. Das ist ihre Pflicht und Aufgabe. Und es ist genauso okay und wichtig, wenn du ihnen sagst, dass sie dir vertrauen sollen und du dich um deine Themen kümmerst. Bleibe darüber hinaus im Gespräch mit ihnen, damit sie merken, wie du dich entwickelst und wie du mit deinen Problemen oder Schwierigkeiten umgehst.

Wenn du selber einmal Kinder hast, wird dir vieles, was dir heute vielleicht noch unverständlich oder sogar ungerecht erscheint, nachvollziehbar sein. Meistens verstehen wir unsere Eltern erst, wenn wir selber Kinder haben. Freu dich darauf.

Umgang mit Schüler*innen

Für viele Menschen ist es ein großes Ziel bzw. ein Wunsch, selber einmal Kinder zu haben. Ich verstehe das sehr gut. Wenn dann Kinder da sind, gibt es durchaus Momente, in denen man sich selber die Frage stellt, warum man eigentlich Kinder haben wollte. Auch das verstehe ich sehr gut. Kinder zu haben, ist gewissermaßen ein Segen und ein Fluch gleichzeitig. Da es auch zum Thema Elternschaft bereits viele ausgezeichnete Bücher und Expert*innen gibt, werde ich mich auch in diesem Abschnitt auf das Thema Umgang mit Kindern in Bezug auf den Schulalltag beschränken.

Der Vorteil im Umgang mit Kindern, den alle Eltern und Lehrer*innen haben, ist der, dass sie alle selber einmal Kinder waren. Der Nachteil ist oft der, dass sie manchmal vergessen, wie es ist, Kind zu sein. Grundsätzlich gilt für Eltern und Lehrer*innen gleichermaßen, dass sie im Umgang mit Kindern die Verantwortung für sie tragen. Es ist ihre Aufgabe, sie nach bestem Wissen und Gewissen zu beschützen, sie zu unterstützen und zu begleiten. Kindern soll die Möglichkeit gegeben werden, ja, sie sollen dazu aufgefordert und ermutigt werden, sich ihre eigenen Gedanken zu machen. Auch wenn das auf den ersten Blick anstrengend, schwierig oder lästig erscheinen mag, auf lange Sicht werden Menschen, die sich ihre eigenen Gedanken machen, die selbstbewusst, verantwortungsvoll und kritisch sind, die bei Weitem angenehmeren Zeitgenossen sein.

Das Wichtigste und Wertvollste, was Erwachsene Kindern schenken können, ist ihre Zeit und ungeteilte Aufmerksamkeit. Wenn Kinder mit einer Frage, einem Anliegen oder einem Thema zu dir kommen, nimm dir Zeit für sie, sei präsent und höre genau hin, was sie zu sagen haben. Auch wenn es aus deiner Sicht vielleicht unwichtig, falsch oder unnötig ist, für das Kind, das damit zu dir kommt, ist es wichtig. Dadurch, dass Kinder mit ihren Fragen und Sorgen zu Erwachsenen kommen, zeigen sie ihnen, dass sie ihnen vertrauen und sich bei ihnen sicher und verstanden fühlen.

Es ist für die Entwicklung von Kindern auch enorm wichtig, dass sie – ihrem Alter und vor allem Entwicklungsstand entsprechend – selber Verantwortung für ihr Leben übernehmen können, dürfen und müssen. Wer seinem Kind alles abnimmt, tut ihm genauso wenig Gutes wie jemand, der seine Kinder mit allen Sorgen und Problemen alleine lässt. Traue deinen Kindern zu, dass sie sich mit den Herausforderungen ihres Alltags auseinandersetzen können. Bleib mit ihnen im Kontakt, zeige ehrliches Interesse für ihren Alltag und gib ihnen auch den Freiraum, den sie brauchen. Gerade im Alter zwischen zehn und 20 Jahren verändert sich die Beziehung zwischen Kindern und ihren Eltern sehr stark. Es ist gut und wichtig, wenn du auch in dieser Phase ihres Lebens für sie da bist. Auch wenn dieses »da sein« natürlich anders aussieht als in den Jahren davor. Aber du und deine Kinder haben sich mit den Jahren verändert, da ist es nur logisch, dass sich auch eure Beziehung weiterentwickelt.

In Bezug auf den Schulerfolg achte darauf, deinen Kindern eine Unterstützung und keine Belastung zu sein. Es ist okay, wenn sie sich nicht für das Gleiche interessieren oder begeistern, was deine Augen zum Strahlen bringt. Gib ihnen den Raum, ihren eigenen Weg zu finden und zu gehen. Wenn sie sich beim Lernen schwertun, besprich mit ihnen, wie und wo sie Unterstützung haben möchten und was du dafür tun kannst. Triff mit ihnen Abmachungen, die von euch beiden auch eingehalten werden können. Sei im Umgang mit deinen Kindern liebevoll, konsequent und respektvoll. Auch wenn sie deine Kinder sind, sind sie selbstständige Wesen, die niemandem – außer sich selbst – gehören. Ärgere dich nicht zu sehr über ihr Verhalten. Sie sind Kinder und wissen es wahrscheinlich noch nicht besser. Wenn es um Schwierigkeiten mit anderen Schüler*innen oder Lehrer*innen geht, zeige deinen Kindern, dass du auf ihrer Seite bist, dass du sie unterstützt und für sie da bist. Aus dieser inneren Haltung heraus fällt es ihnen viel leichter, eine andere Sichtweise auf eine Herausforderung anzunehmen.

Unterstütze deine Kinder auch in ihren Eigenheiten und persönlichen Zugängen zu den unterschiedlichen Themen. Ermutige sie, ihren eigenen Gedanken zu folgen, sich ihre eigenen Ideen zu konstruieren und diese auszuprobieren. Wie du weißt, gibt es in der Mathematik viele Wege, die zum Ziel führen. Und das ist in (fast) allen Bereichen des Lebens nicht anders. Und nur, weil wir für uns »den besten«, »effektivsten« oder »richtigen« Weg gefunden haben, heißt das natürlich noch lange nicht, dass dieser Weg auch der beste für andere, wie z. B. unsere Kinder, ist.

Ansonsten gilt für den Umgang mit Kindern natürlich das Gleiche, das auch für den Umgang mit allen anderen Menschen gilt: Begegne ihnen auf der Beziehungsebene auf Augenhöhe und mit Liebe und Respekt. Alles andere kommt dann ganz von selbst.

Jedes Ende ist ein neuer Anfang

Damit sind wir auch schon am Ende meines Buches angekommen. Was vor ein paar Jahren mit einer einfachen und (wenn ich ehrlich bin) nicht unbedingt ernst gemeinten Idee begonnen hat, ist nun Wirklichkeit geworden. Und dafür bin ich sehr dankbar.

An erster Stelle möchte ich meiner Frau Katharina Maria danken, für ihre Liebe und ihren Glauben an mich und meine Fähigkeiten. Durch ihre Art, mich zu unterstützen, mir Raum für mein Schaffen zu geben und mich in meinen Ideen und Visionen zu bestätigen, hat sie einen sehr großen Anteil daran, dass aus meiner Idee nun ein fertiges Buch geworden ist.

Des Weiteren bedanke ich mich bei all meine Nachhilfeschüler*innen, die ich in all den Jahren auf ihrem Weg zu einem erfolgreichen Schulabschluss begleiten durfte. So individuell und so einzigartig jede und jeder Einzelne von euch auch war (und sicher noch immer ist), habt ihr für mich doch alle etwas gemeinsam: euer Vertrauen in mich und meine Fähigkeiten. Und euren Glauben daran und euren Willen, eure Schullaufbahn erfolgreich zu beenden. Die Arbeit mit euch hat sehr viel zum Entstehen dieses Buches beigetragen. Danke an euch alle!

Auch meinen Schüler*innen in der Sekundaria der SiP-Knallerbse sei hier mein Dank ausgesprochen. Die unzähligen Mathe-Kurse mit euch waren jedes Mal eine Freude. Danke für eure Fragen, euer Interesse und dass ihr zumindest versucht habt, die Begeisterung für diese wundervolle Wissenschaft mit mir zu teilen.

Nicht zu vergessen ist an dieser Stelle natürlich auch der mvg-Verlag, der dieses Buch erst Wirklichkeit hat werden lassen. Danke an meine Lektorin, für ihre Geduld und ihre Unterstützung. Danke an die Mitarbeiter*innen aus der Grafikabteilung für ihren Einsatz und ihre Ideen bei der Gestaltung des Buches. Und danke an alle anderen Mitarbeiter*innen des Verlages, ohne deren Fachwissen, Einsatz, Freude und Begeisterung dieses Buch niemals Realität geworden werde.

Und zu guter Letzt bedanke ich mich bei dir, liebe Leserin, lieber Leser, für deine Aufmerksamkeit und dein Interesse. Mir hat es sehr viel Freude bereitet, dieses Buch zu schreiben. Ich stelle mir vor, dass du beim Lesen auch Freude empfunden hast und für dich das Buch eine Veränderung möglich macht. Eine Veränderung in deiner Sichtweise auf die Wissenschaft und in deinem Umgang mit dem Schulfach Mathematik.

Unter Umständen ist es nun auch dir möglich (wenn vielleicht auch nur leise und im Geheimen für dich alleine), die Worte vom Anfang meines Buches mit einem Lächeln im Gesicht zu denken: Mathe-mag-ich ;-)

Über den Autor

Georg Burkhardt arbeitet als Lern-Coach, Supervisor und Nachhilfelehrer in Graz. Mit Geduld, Empathie und Humor unterstützt er seine Klient*innen beim Überwinden von Herausforderungen, Meistern von Aufgaben und Finden von Antworten und Handlungsmöglichkeiten. Sein Ziel ist es, Menschen darin zu fördern, ein selbstbestimmteres, bewussteres und erfüllteres Leben zu führen. Er lebt mit seiner Frau und den drei gemeinsamen Töchtern in Graz.

Mehr Infos und Kontaktmöglichkeiten finden Sie im Internet auf
www.burkhardt-burkhardt.at
oder auf Instagram unter *burkhardtundburkhardt*.

304 Seiten
14,99 € (D) | 15,50 € (A)
ISBN 978-3-7474-0168-2

Tim Nießner

Die geheimen Tricks der 1,0er-Schüler

Wie du in der Schule richtig durchstartest

Was machen die besten Schüler besser als alle anderen? Haben sie ein Geheimrezept? Was sind ihre Tricks? Auf all diese Fragen wollte der Oberstufenschüler Tim Nießner Antworten finden. Deshalb interviewte er fast 100 Abiturienten, die einen Schnitt von 0,69 bis 1,0 erreicht haben, und teilt hier seine Erkenntnisse, die er durch diese Gespräche gewonnen hat, mit allen Schülern.

Tim Nießner gibt dir nicht nur Tipps, wie du effektiver lernst, sondern erklärt dir auch, wie du Lehrer beeinflussen kannst und mit welchen Tricks deine mündliche Note durch die Decke geht. Denn eines wird klar: Lernen allein genügt nicht, um zu den Besten zu gehören!